普通高等教育新工科人才培养规划教材（大数据专业）

HBase 分布式存储系统应用

主　编　胡鑫喆　张志刚

副主编　孙慧霞　杨东东　陆晓伟　杨艳玲

中国水利水电出版社
www.waterpub.com.cn
·北京·

内 容 提 要

本书通过原理加案例的方式系统讲解了 HBase 分布式存储系统应用，精心安排了 HBase 原理和架构分析、环境搭建、案例开发、优化策略等环节，使读者对解决相关问题有清晰的思路。

全书共 8 章：前 7 章系统讲解 HBase 模型和系统架构、数据读写流程、环境搭建、HBase Shell、程序开发、高级特性；第 8 章是 HBase MapReduce 实例，通过实例帮助读者进一步理解 HBase 应用和 MapReduce 编程。全书脉络清晰，实例新颖实用，内容详实。

本书可作为普通高校大数据相关专业的 HBase 教材，可供深入了解 HBase 编程的读者参考，还可作为相关培训班的培训教材。

图书在版编目（ＣＩＰ）数据

HBase分布式存储系统应用 / 胡鑫喆，张志刚主编
. -- 北京 ：中国水利水电出版社，2018.9（2022.5 重印）
普通高等教育新工科人才培养规划教材. 大数据专业
ISBN 978-7-5170-6891-4

Ⅰ . ①H… Ⅱ . ①胡… ②张… Ⅲ . ①分布式存贮器－
高等学校－教材 Ⅳ . ①TP333.2

中国版本图书馆CIP数据核字(2018)第214674号

策划编辑：石永峰　　　责任编辑：张玉玲　　　封面设计：梁 燕

书　　名	普通高等教育新工科人才培养规划教材（大数据专业） HBase 分布式存储系统应用 HBase FENBUSHI CUNCHU XITONG YINGYONG
作　　者	主 编　胡鑫喆　张志刚 副主编　孙慧霞　杨东东　陆晓伟　杨艳玲
出版发行	中国水利水电出版社 （北京市海淀区玉渊潭南路 1 号 D 座　100038） 网址：www.waterpub.com.cn E-mail: mchannel@263.net（万水） 　　　　sales@mwr.gov.cn 电话：（010）68545888（营销中心）、82562819（万水）
经　　售	北京科水图书销售有限公司 电话：（010）68545874、63202643 全国各地新华书店和相关出版物销售网点
排　　版	北京万水电子信息有限公司
印　　刷	三河市鑫金马印装有限公司
规　　格	184mm×260mm　16 开本　12 印张　292 千字
版　　次	2018 年 9 月第 1 版　　2022 年 5 月第 6 次印刷
印　　数	14001—16000 册
定　　价	32.00 元

前　　言

大数据带来了各种各样繁杂的数据，我们不仅要呈现世界，更重要的是通过呈现来处理更庞大的数据，理解各种各样的数据集合，表现多维数据之间的关联。换句话说，就是归纳数据内在的模式、关联和结构。

由于大数据的存储量极大，因此其存储设备需要具有高扩展性、高可用性、自动容错和低成本等特点。常见的存储形式有分布式文件系统和分布式数据库，分布式文件系统采用大规模的分布式存储节点来满足存储大量文件的需求，而分布式的非关系型数据库则为大规模非结构化数据的处理和分析提供支持。

目前常见的非关系型数据库主要有 Redis、Tokyo Cabinet、MongoDB、CouchDB、Cassandra、Voldemort 和 HBase 等。本书将对 HBase 进行深入研究和探讨，其他非关系型数据库读者可以参考相关书籍。本书共 8 章，具体内容如下：

第 1 章介绍关系型数据库和非关系型数据库的区别、HBase 的使用场景。

第 2 章介绍 HBase 的逻辑模型、物理模型和系统架构。

第 3 章详细讲解 HRegionServer、HRegion 和 HBase 数据读写流程。

第 4 章介绍 HBase 的分布式环境搭建。

第 5 章介绍如何通过 HBase Shell 完成表的管理、数据的增删改查和数据迁移。

第 6 章介绍创建表、数据插入、数据查询等基本操作，然后对 Scan 查询、Filter 过滤、行数统计、NameSpace 开发、计数器、协处理器和 HBase 快照等高级应用进行介绍。

第 7 章介绍 HBase 表设计、列族设计优化、读写性能优化策略、HBase 集群规划。

第 8 章讲解 HBase MapReduce 编程实例。

本书的编写得到北京百知教育科技有限公司的大力支持，在此表示感谢。

由于时间仓促及编者水平有限，书中难免有疏漏甚至错误之处，恳请广大读者批评指正。

编　者

2018 年 7 月

目　　录

前言

第 1 章　HBase 介绍 ················· 1

1.1　面向行和面向列存储对比 ········· 1

1.1.1　面向行存储的数据库 ······· 1

1.1.2　面向列存储的数据库 ······· 2

1.1.3　两种存储方式的对比 ······· 2

1.2　HDFS 分布式存储的特点 ········· 3

1.3　HBase 的使用场景 ·············· 5

1.4　本章小结 ···················· 6

第 2 章　HBase 模型和系统架构 ······· 7

2.1　HBase 的相关概念 ·············· 7

2.2　HBase 的逻辑模型 ·············· 8

2.3　HBase 的物理模型 ·············· 10

2.4　HBase 的特点 ················· 10

2.5　HBase 的系统架构 ·············· 11

2.5.1　Client ···················· 11

2.5.2　ZooKeeper ················ 12

2.5.3　HMaster ················· 12

2.5.4　HRegionServer ············ 12

2.5.5　HRegion ················· 13

2.6　本章小结 ···················· 13

第 3 章　HBase 数据读写流程 ········· 15

3.1　HRegionServer 详解 ············ 15

3.1.1　WAL ···················· 16

3.1.2　MemStore ················ 17

3.1.3　BlockCache ··············· 18

3.1.4　HFile ··················· 18

3.1.5　HRegionServer 的恢复 ······ 23

3.1.6　HRegionServer 的上线下线 ··· 24

3.2　HRegion ···················· 24

3.2.1　HRegion 分配 ············· 25

3.2.2　HRegion Split ············· 25

3.2.3　HRegion Compact ········· 25

3.3　HMaster 上线 ················· 26

3.4　数据读流程 ·················· 26

3.5　数据写流程 ·················· 28

3.6　删除数据流程 ················ 28

3.7　本章小结 ···················· 28

第 4 章　HBase 环境搭建 ············ 30

4.1　ZooKeeper 的安装 ············· 30

4.2　HBase 的安装 ················· 31

4.3　本章小结 ···················· 35

第 5 章　HBase Shell ··············· 36

5.1　HBase Shell 启动 ·············· 36

5.2　表的管理 ···················· 37

5.3　表数据的增删改查 ············· 44

5.4　HBase 数据迁移的 importtsv 的使用 ··· 48

5.5　本章小结 ···················· 49

第 6 章　HBase 程序开发 ············ 50

6.1　表的相关操作 ················ 50

6.2　创建 Configuration 对象 ········· 54

6.3　创建表 ····················· 55

6.3.1　开发环境配置 ············· 56

6.3.2　创建表 ·················· 58

6.4　数据插入 ···················· 60

6.5　数据查询 ···················· 67

6.6　数据删除 ···················· 71

6.7　Scan 查询 ··················· 75

6.8　Filter 过滤 ·················· 84

6.9　行数统计 ···················· 105

6.10　NameSpace 开发 ············· 107

6.11　计数器 ····················· 111

6.12　协处理器 ··················· 115

6.13　HBase 快照 ················· 126

6.14　本章小结 ··················· 131

第 7 章　HBase 高级特性 ············ 132

7.1　HBase 表设计 ················ 132

7.2　列族设计优化 ……………………… 136

7.3　写性能优化策略 …………………… 138

7.4　读性能优化策略 …………………… 139

　　7.4.1　HBase 客户端优化 ………… 139

　　7.4.2　HBase 服务器端优化 ……… 140

　　7.4.3　HDFS 相关优化……………… 141

7.5　HBase 集群规划 …………………… 142

　　7.5.1　集群业务规划 ……………… 142

　　7.5.2　集群容量规划 ……………… 143

　　7.5.3　Region 规划 ………………… 144

　　7.5.4　内存规划 …………………… 145

7.6　本章小结 …………………………… 149

第 8 章　MapReduce On HBase …………… 150

8.1　HBase MapReduce…………………… 150

8.2　编程实例 …………………………… 151

　　8.2.1　使用 MapReduce 操作 HBase ……… 151

8.2.2　从 HBase 获取数据上传至 HDFS ……154

8.2.3　MapReduce 生成 HFile 入库
　　　　 到 HBase ……………………… 156

8.2.4　同时写入多张表 ………………… 160

8.2.5　从多个表读取数据 ……………… 164

8.2.6　通过读取 HBase 表删除 Hbase
　　　　 数据 ………………………… 166

8.2.7　通过读取 HBase 表数据复制到
　　　　 另外一张表 …………………… 169

8.2.8　建立 HBase 表索引 ……………… 170

8.2.9　将 MapReduce 输出结果到 MySQL ……174

8.2.10　利用 MapReduce 完成 MySQL
　　　　 数据读写 ………………… 179

8.3　本章小结 …………………………… 182

附录　MySQL 安装 ………………………… 183

第 1 章　HBase 介绍

HBase 是一种构建在 HDFS 之上的分布式、面向列的存储系统。在需要实时读写、随机访问超大规模数据集时，可以使用 HBase。Apache HBase 是 Google BigTable 的开源实现，就像 BigTable 利用了 GFS 所提供的分布式数据存储一样，HBase 在 Hadoop 之上提供了类似于 BigTable 的能力。本章将从面向行和面向列存储的区别、HDFS 的特点和 HBase 的使用场景等方面进行讲解。

1.1　面向行和面向列存储对比

尽管已经有许多数据存储与访问的策略和实现方法，但事实上大多数解决方案，特别是一些关系型数据库，在构建时并没有考虑超大规模和分布式的特点。许多商家通过复制和分区的方法来扩充数据库使其突破单个节点的界限，但这些功能通常都是事后增加的，安装和维护都很复杂，同时也会影响 RDBMS（Relational Database Management System，关系数据库管理系统）的特定功能，例如联接、复杂查询、触发器、视图和外键约束，这些操作在大型 RDBMS 上的代价相当高，甚至根本无法实现。

行式数据库是按照行存储的，行式数据库擅长随机读操作，不适合用于大数据。像 SQL Server、Oracle、MySQL 等传统数据库属于行式数据库范畴。列式数据库从一开始就是面向大数据环境下数据仓库的数据分析而产生的。目前，大数据存储有两种方案可供选择：行存储和列存储。业界对这两种存储方案有很多争议，焦点是谁能够更有效地处理海量数据，且兼顾安全性、可靠性、完整性。从目前发展情况看，关系数据库已经不适应这种巨大的存储量和计算要求，基本上已被淘汰出局。

1.1.1　面向行存储的数据库

数据库以行列二维表的形式存储数据，如表 1-1 所示。

表 1-1　行存储数据排列（User 表）

id	name	age	sex	jobs
1	张三	35	男	教师
2	李丹	18	女	学生
3	John	26	男	IT 工程师

User 表中的列是固定的，定义了 id、name、age、sex 和 jobs 等属性，User 的属性是不能动态增加的。这个表存储在计算机的内存和硬盘中，虽然内存和硬盘在机制上不同，但操作系统是以同样的方式存储的。数据库必须把这个二维表存储在一系列一维的"字节"中，由操作系统写到内存或硬盘中。没有索引的查询使用大量 I/O，建立索引和视图需要花费大量时间和

资源、面向查询的需求，数据库必须被大量膨胀才能满足性能要求。

1.1.2　面向列存储的数据库

列式数据库的代表是 HBase、Sybase IQ、Infobright、InfiniDB、GBase 8a、ParAccel、Sand/DNA Analytics 和 Vertica。列式数据库把一列中的数据值串在一起存储起来，然后再存储下一列的数据，依此类推。

表 1-1 对应的列式存储为 1，2，3；张三，李丹，John；男，女，男；35，18，26；教师，学生，IT 工程师，如表 1-2 所示。

表 1-2　列存储数据排列（User 表）

id	1	2	3
name	张三	李丹	John
sex	男	女	男
age	35	18	26
jobs	教师	学生	IT 工程师

两种存储的数据都是从上至下、从左向右排列的。行是列的组合，行存储以一行记录为单位，列存储以列数据集合为单位，或称列族（Column Family）。行存储的读写过程是一致的，都是从第一列开始，到最后一列结束。列存储的读取是列数据集中的一段或者全部数据，写入时，一行记录被拆分为多列，每一列数据追加到对应列的末尾处。

1.1.3　两种存储方式的对比

从表 1-1 和表 1-2 可以看出，行存储的写入是一次完成。如果这种写入建立在操作系统的文件系统上，可以保证写入过程的成功或者失败，数据的完整性因此可以确定。列存储由于需要把一行记录拆分成单列保存，写入次数明显比行存储要多，再加上磁头在盘片上移动和定位花费的时间，实际时间消耗会更大。所以，行存储在写入上占有很大的优势。

数据修改实际上也是一次写入过程。不同的是，数据修改是对磁盘上的记录做删除标记。行存储是在指定位置写入一次，列存储是将磁盘定位到多个列上分别写入，这个过程仍是行存储时间的数倍，所以数据修改也是以行存储占优。数据读取时，行存储通常将一行数据完全读出，如果只需要其中几列数据的情况，就会存在冗余列，出于缩短处理时间的考虑，消除冗余列的过程通常是在内存中进行的。列存储每次读取的数据是集合的一段或者全部，如果读取多列时，就需要移动磁头，再次定位到下一列的位置继续读取。

由于列存储的每一列数据类型是同质的，不存在二义性问题。比如说某列数据类型为整型，那么它的数据集合一定是整型数据，这种情况使数据解析变得十分容易。相比之下，行存储则要复杂得多，因为在一行记录中保存了多种类型的数据，数据解析需要在多种数据类型之间频繁转换，这个操作很消耗 CPU，增加了解析的时间。所以，列存储的解析过程更有利于分析大数据。

显而易见，两种存储格式都有各自的优缺点：行存储的写入是一次性完成，消耗的时间比列存储少，并且能够保证数据的完整性，缺点是数据读取过程中会产生冗余数据，如果只有少量数据，此影响可以忽略，数量大可能会影响到数据的处理效率。列存储在写入效率、保证数据完整性上都不如行存储，它的优势是在读取过程中不会产生冗余数据，这对数据完整性要求不高的大数据处理领域，比如互联网，犹为重要。

改进集中在两个方面：行存储读取过程中避免产生冗余数据、列存储提高读写效率。如何改进它们的缺点并保证优点呢？

（1）行存储的改进。减少冗余数据首先是用户在定义数据时避免冗余列的产生；其次是优化数据存储记录结构，保证从磁盘读出的数据进入内存后能够被快速分解，消除冗余列。要知道，目前市场上即使低端 CPU 和内存的速度也比机械磁盘快上 100～1000 倍。如果用上高端的硬件配置，这个处理过程还要更快。

（2）列存储的改进。在计算机上安装多块硬盘，以多线程并行的方式读写它们。多块硬盘并行工作可以减少磁盘读写竞用，这种方式对提高处理效率优势十分明显。缺点是需要更多的硬盘，这会增加投入成本，在大规模数据处理应用中是不小的数目，运营商需要认真考虑这个问题。对于写过程中的数据完整性问题，可考虑在写入过程中加入类似关系数据库的"回滚"机制，当某一列发生写入失败时，此前写入的数据全部失效，同时加入散列码校验，进一步保证数据完整性。

这两种存储方案还有一个共同改进的地方：频繁的小量的数据写入对磁盘影响很大，更好的解决办法是将数据在内存中暂时保存并整理，达到一定数量后一次性写入磁盘，这样消耗时间更少一些。目前机械磁盘的写入速度在 20Mb/s～50Mb/s 之间，能够以批量的方式写入磁盘，效果也是不错的。

两种存储格式各自的特性都决定了它们不可能是完美的解决方案。行存储与列存储的对比如表 1-3 所示。如果首要考虑是数据的完整性和可靠性，那么行存储是不二选择，列存储只有在增加磁盘并改进软件设计后才能接近这样的目标。如果以保存数据为主，行存储的写入性能比列存储高很多。在需要频繁读取单列集合数据的应用中，列存储是最合适的。如果每次读取多列，两个方案可酌情选择：采用行存储时，设计中应考虑减少或避免冗余列；若采用列存储方案，为保证读写效率，每列数据尽可能分别保存到不同的磁盘上，多个线程并行读写各自的数据，这样避免了磁盘竞用，同时也提高了处理效率。无论选择哪种方案，将相同内容数据聚集在一起都是必须的，这样可以减少磁头在磁盘上的移动，缩短数据读写时间。

表 1-3　行/列存储方式优缺点对比

项目	行存储	列存储
优点	写入效率高，提供数据完整性保证	读取过程有冗余，适合数据定长的大数据计算
缺点	数据读取有冗余现象，影响计算速度	缺乏数据完整性保证，写入效率低
改进	优化的存储格式，保证能够在内存中快速删除冗余数据	多磁盘多线程并行读/写（需要增加运行成本和修改软件）
应用环境	商业领域、互联网	互联网

1.2　HDFS 分布式存储的特点

HDFS（Hadoop Distributed File System，Hadoop 分布式文件系统）是 Hadoop 项目的核心

子项目，是分布式计算中数据存储管理的基础，是基于流数据模式访问和处理超大文件的需求而开发的，可以运行在廉价的商用服务器上。

1. 优点

（1）高容错性。

1）上传的数据自动保存多个副本。它是通过增加副本的数量来增加它的容错性。

2）如果某一个副本丢失，HDFS 会复制其他机器上的副本，而我们不必关注它的实现。

（2）适合大数据的处理。

1）能够处理 GB、TB，甚至 PB 级别的数据。

2）能够处理百万规模的数据，数量非常的大。

（3）流式文件写入。

1）一次写入，多次读取。

2）文件一旦写入，不能修改，只能增加，这样可以保证数据的一致性。

（4）可构建在廉价机器上。

1）通过多副本提高可靠性。

2）提供了容错和恢复机制。

2. 缺陷

（1）不适合低延迟数据访问。

如果要处理一些时间要求比较短的低延迟应用请求，则 HDFS 不适合。HDFS 是为了处理大型数据集分析任务的，主要是为达到高的数据吞吐量而设计的，这就可能要求以高延迟作为代价。

改进策略：对于那些有低延迟要求的应用请求，HBase 是一个更好的选择。通过上层数据管理项目尽可能地弥补这个不足，使用缓存或多个 Master 设计可以降低 Client 的数据请求压力，以减少延迟。

（2）无法高效存储大量的小文件。

因为 NameNode 把文件系统的元数据放置在内存中，所以文件系统所能容纳的文件数目是由 NameNode 的内存大小来决定。还有一个问题就是，因为 Map Task 的数量是由 Split 来决定的，所以用 MapReduce 处理大量的小文件时就会产生过多的 Map Task，线程管理开销将会增加作业时间。当 Hadoop 处理很多小文件（文件大小小于 HDFS 中 Block Size 的大小）的时候，由于 FileInputFormat 不会对小文件进行划分，所以每一个小文件都会被当作一个 Split 并分配一个 Map 任务，导致效率低下。

例如，一个 1GB 的文件，会被划分成 8 个 128MB 的 Split，并分配 8 个 Map 任务处理，而 10000 个 100KB 的文件会被 10000 个 Map 任务处理。

改进策略：要想让 HDFS 能处理好小文件，有不少方法。利用 SequenceFile、MapFile、Har 等方式归档小文件，这个方法的原理就是把小文件归档起来管理，HBase 正是基于此原理的。

（3）不支持多用户写入及任意修改文件。

HDFS 的一个文件只有一个写入者，而且写操作只能在文件末尾完成，即只能执行追加操作。目前 HDFS 还不支持多个用户对同一文件的写操作，以及在文件任意位置进行修改。

1.3　HBase 的使用场景

　　HBase 不是关系型数据库，也不支持 SQL，但是它有自己的特长，这是关系型数据库不能处理的。HBase 是一个适合于非结构化数据存储的数据库，而且它是基于列的而不是基于行的模式，它巧妙地将大而稀疏的表放在商用的服务器集群上。

　　当数据量越来越大，关系型数据库在服务响应和时效性上会越来越慢，这就出现了读写分离策略，通过一个 Master 专门负责写操作，多个 Slave 负责读操作，服务器成本倍增。随着压力增加，Master 开始承受不住，这时会采用分库机制，把关联不大的数据分开部署，一些 join 查询不能使用，需要借助中间层。随着数据量的进一步增加，一个表的记录越来越多，查询就变得很慢，于是又得搞分表，比如按 ID 取模分成多个表以减少单个表的记录数。而采用 HBase 就简单了，只需要加机器即可，HBase 会自动水平切分扩展，跟 Hadoop 的无缝集成保障了其数据可靠性（HDFS）和海量数据分析的高性能（MapReduce）。

　　使用 HBase 的用户数量在过去几年里迅猛增长，部分原因在于 HBase 产品变得更加可靠和性能更好，更多原因在于越来越多的公司开始投入大量资源来支持和使用它。随着越来越多的商业服务供应商提供支持，用户越发自信地把 HBase 应用于关键应用系统。HBase 的一个设计初衷是用来存储互联网持续更新网页的副本，但其用在互联网相关的其他方面也很适合。例如，从存储个人之间的通信信息，到通信信息分析，HBase 成为 Facebook、Twitter 和 StumbleUpon 等公司里的关键基础架构。

　　HBase 作为常用的大数据存放工具，基本解决以下三大类场景，如图 1-1 所示。

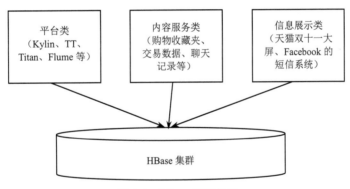

图 1-1　HBase 应用场景

　　1．平台类

　　数据通常是细水长流，累加到已有数据库以备将来使用，例如分析、处理和服务。许多 HBase 使用场景属于这个类别——使用 HBase 作为数据存储，捕获来自于各种数据源的增量数据。比如目前流行的 Kylin、阿里内部的日志同步工具 TT、图组件 Titan、日志收集系统 Flume 等。此类存放的往往是平台的数据，有时候甚至是无业务含义的，作为平台的底层存储使用。

　　2．内容服务类

　　此类主要是面向各个业务系统。这里的用户不仅仅指人，也包括物，比如购物收藏夹、交易数据、聊天记录等。这里使用比较直接，就直接存放在 HBase 中，再读取。难度就是需要支持千万级别的并发写访问及读取,需要解决服务质量的问题。这种应用场景通常业务简单,不需要关系型数据库中的很多特性(如交叉列、交叉表、事务、连接等)。

3. 信息展示类

通过 HBase 的高存储、高吞吐等特性,可以将人们感兴趣的信息快速展现出来。比如阿里巴巴的天猫双十一大屏、Facebook 的短信系统。

HBase 并不是适合所有的场景。首先,确信有足够多数据,如果有上亿或上千亿行数据,HBase 是很好的选择。如果只有上千或上百万行,则用传统的 RDBMS 可能是更好的选择。因为所有数据如果只需要在一两个节点上进行存储,会导致集群其他节点闲置。其次,确信可以不依赖于 RDBMS 的额外特性,例如列数据类型、第二索引、事务、高级查询语言等。最后,确保有足够的硬件。因为 HDFS 在小于 5 个数据节点时,基本上体现不出来它的优势。

1.4　本章小结

本章对面向行和面向列存储的数据库作了对比,传统的关系型数据库具有响应速度快、安全性高、业务场景复杂等特点,但是其并不适合于大数据存储。HBase 是基于列的、适合于非结构化数据存储的数据库,它主要应用在平台的底层存储、内容服务和信息展示方面。

第 2 章　HBase 模型和系统架构

2007 年 2 月 HBase 初始化原型在 Hadoop 项目中创建，2007 年 10 月在 Hadoop 0.15.0 中发布了第一个"可用"版本的 HBase；2008 年 1 月 HBase 成为 Hadoop 的子项目；2014 年 2 月 HBase 0.98.0 发布；2015 年 2 月 HBase 1.0.0 发布；截止到 2017 年 12 月 31 日，Apache HBase 的最新版本为 1.4.0。本章将从 HBase 的相关概念、逻辑模型、物理模型、特点、系统架构等方面进行讲解。

2.1　HBase 的相关概念

HBase 的数据模型也是由一张张的表组成，每一张表里也有数据行和列，但是在 HBase 数据库中的行和列又和关系型数据库的稍有不同。下面统一介绍 HBase 数据模型中一些名词的概念。

1. Table（表）

HBase 会将数据组织进一张张的表里面，但需要注意的是表名必须是能用在文件路径里的合法名字，因为 HBase 的表是映射成 HDFS 上面的文件。一个 HBase 表由多行组成。

2. Row（行）

在表里面，每一行代表着一个数据对象，每一行都是以一个行键（Row Key）来进行唯一标识的。HBase 中的行里面包含一个 Key 和一个或者多个包含值的列。行键并没有什么特定的数据类型，以二进制的字节来存储。Row Key 只能由一个字段组成而不能由多个字段组合组成，HBase 对所有行按照 Row Key 升序排序，在设计 Row Key 时将经常一起读取的行放到一起。因为这个原因，Row Key 的设计就显得非常重要。数据的存储目标是相近的数据存储到一起，一种常用的行的 Key 的格式是网站域名。如果行的 Key 是域名，应该将域名进行反转（org.apache.www、org.apache.mail、org.apache.jira）再存储。这样的话，所有 apache 域名将会存储在一起，好过基于子域名的首字母分散在各处。

与 NoSQL 数据库一样，Row Key 是用来检索记录的主键。访问 HBase 表中的行只有三种方式：通过单个 Row Key 访问、通过 Row Key 的 Range、全表扫描。Row Key 可以是任意字符串（最大长度是 64KB，实际应用中长度一般为 10B～100B），在 HBase 内部，Row Key 保存为字节数组。

注意：HBase 中对 Row Key 采用了 MD5 加密处理，而 Row Key 是唯一索引，对索引加密之后如何进行查询？实际使用中用作索引的数值可能是有规律递增的，直接用这个作 Row Key 会使得新插入的大量数据很有可能被插入到同一个 Region 上，而其他 Region 空闲，这样读和写都产生了热点，影响读写效率。对 Row Key 使用 MD5 或者其他 Hash 做散列之后再和原来的 Row Key 组合作为实际的 Row Key，这样在持续产生数据的时候 Row Key 会被散列到不同的 Region 上，有效避免了热点问题，可见 HBase 使用 MD5 并不是为了加密。

3. Column（列）

HBase 中的列包含分隔开的列族和列的限定符。

4. Column Family（列族）

列族包含一个或者多个相关列，列族是表的 Schema（表模式）的一部分，必须在使用表之前定义。HBase 表中的每个列都归属于某个列族，列都以列族作为前缀，如 anchor:name、anchor:tel 都属于 anchor 这个列族。每一个列族都拥有一系列的存储属性，例如值是否缓存在内存中、数据是否要压缩或者它的行 Key 是否要加密等。表格中的每一行拥有相同的列族，尽管一个给定的行可能没有存储任何数据在一个给定的列族中。

每个列族中可以存放很多列，每个列族中的列数量可以不同，每行都可以动态地增加和减少列。列是不需要静态定义的，HBase 对列数没有限制，可以达到上百万个，但是列族的个数有限制，通常只有几个。在具体实现上，一张表的不同列族是分开独立存放的。HBase 的访问控制、磁盘和内存的使用统计等都是在列族层面进行的。

5. Column Qualifier（列标识符）

列的标识符是列族中数据的索引。例如给定了一个列族 content，那么标识符可能是 content:html，也可以是 content:pdf。列族在创建表格时是确定的，但是列的标识符是动态的并且行与行之间的差别也可能是非常大的。列族中的数据通过列标识来进行映射，其实这里大家可以不用拘泥于"列"这个概念，也可以理解为一个键值对，Column Qualifier 就是 Key。列标识也没有特定的数据类型，以二进制字节来存储。

在定义 HBase 表的时候需要提前设置好列族，表中所有的列都需要组织在列族里面，列族一旦确定后就不能轻易修改，因为它会影响到 HBase 真实的物理存储结构，但是列族中的列标识以及其对应的值可以动态增删。表中的每一行都有相同的列族，但是不需要每一行的列族里都有一致的列标识和值，所以说是一种稀疏的表结构，这样可以在一定程度上避免数据的冗余。例如{row1, userInfo: telephone -> 137XXXXX010}和{row2, userInfo: address -> Beijing}，行 1 和行 2 都有同一个列族 userInfo，但是行 1 中的列族只有列标识——电话号码，而行 2 中的列族中只有列标识——地址。

6. Cell（单元格）

单元格是由行、列族、列标识符、值和代表值版本的时间戳组成的。每个 Cell 都保存着同一份数据的多个版本（默认是三个），并按照时间倒序排序，即最新的数据排在最前面。单元数据也没有特定的数据类型，以二进制字节来存储。

7. Timestamp（时间戳）

时间戳是写在值旁边的一个用于区分值的版本的数据。默认情况下，每一个单元中的数据插入时都会用时间戳来进行版本标识。读取单元数据时，如果时间戳没有被指定，则默认返回最新的数据，写入新的单元数据时，如果没有设置时间戳，默认使用当前时间。每一个列族的单元数据的版本数量都被 HBase 单独维护，默认情况下 HBase 保留三个版本数据。

2.2　HBase 的逻辑模型

HBase 是一个类似 BigTable 的分布式数据库，是一个稀疏的、长期存储的（存储在硬盘上）、多维度的、排序的映射表，这张表的索引是行关键字、列关键字和时间戳，HBase 中的数据都是字符串，没有其他类型。

用户在表格中存储数据，每一行都有一个可排序的主键和任意多的列。由于是稀疏存储，同一张表里面的每一行数据都可以有截然不同的列。列名字的格式是"<family>:<qualifier>"，都是由字符串组成的，每一张表有一个列族集合，这个集合是固定不变的，只能通过改变表结构来改变，但是列标识的值相对于每一行来说都是可以改变的。

HBase 把同一个列族里面的数据存储在同一个目录下，并且 HBase 的写操作是锁行的，每一行都是一个原子元素，可以加锁。HBase 所有数据库的更新都有一个时间戳标记，每个更新都是一个新的版本，HBase 会保留一定数量的版本，这个值是可以设定的，客户端可以选择获取距离某个时间点最近的版本单元的值，或者一次获取所有版本单元的值。

我们可以将一个表想象成一个大的映射关系，通过行键、行键 + 时间戳或行键 + 列（列族：列修饰符）就可以定位特定数据。HBase 是稀疏存储数据的，因此某些列可以是空白的。HBase 的逻辑模型如表 2-1 所示。

表 2-1　HBase 的逻辑模型

行键	时间戳	列族 anchor	列族 info
"database.software.www"	t4	anchor:tel="01012345678"	info:PC="100000"
	t3	anchor:name="James"	
	t2		info:address="BeiJing"
	t1	anchor:name="John"	
"c.software.www"	t3		info:address="BeiJing"
	t2	anchor:tel="01012345678"	
	t1	anchor:name="James"	

从表 2-1 可以看出，表中有"database.software.www"和"c.software.www"两行数据，并且有 anchor 和 info 两个列族，在"database.software.www"中，列族 anchor 有三条数据，列族 info 有两条数据；在"c.software.www"中，列族 anchor 有两条数据，列族 info 有一条数据，每一条数据对应的时间戳都用数字来表示，编号越大表示数据越旧，相反表示数据越新。

有时候，也可以把 HBase 看成一个多维度的 Map 模型去理解它的数据模型（如 JSON 数据格式那样），如图 2-1 所示。

```
{
  "database.software.www": {
    anchor: {
      t4: anchor:tel = "01012345678"
      t3: anchor:name = "James"
      t1: anchor:name = "John"
    }
    info: {
      t4: info:PC = "100000"
      t2: info:address = "BeiJing"
    }
  }
  "c.software.www": {
    anchor: {
      t2: anchor:tel = "01012345678"
      t1: anchor:name = "James"
    }
    info: {
      t1: info:address = "BeiJing"
    }
  }
}
```

图 2-1　HBase JSON 数据表示

一个行键映射一个列族数组，列族数组中的每个列族又映射一个列标识数组，列标识数组中的每一个列标识又映射到一个时间戳数组，里面是不同时间戳映射下不同版本的值，但是默认取最近时间的值，所以可以看成是列标识和它所对应的值的映射。用户也可以通过 HBase 的 API 去同时获取到多个版本的单元数据的值。Row Key 在 HBase 中也就相当于关系型数据库的主键，并且 Row Key 在创建表的时候就已经设置好，用户无法指定某个列作为 Row Key。

2.3　HBase 的物理模型

虽然从逻辑模型来看每个表格是由很多行组成的，但是在物理存储方面，它是按照列来保存的。表 2-1 对应的物理模型如表 2-2 所示。

表 2-2　HBase 的物理模型

行键	时间戳	列	单元格（值）
"database.software.www"	t1	anchor:name	John
"database.software.www"	t2	info:address	BeiJing
"database.software.www"	t3	anchor:name	James
"database.software.www"	t4	anchor:tel	01012345678
"database.software.www"	t4	info:PC	100000
"c.software.www"	t1	anchor:name	James
"c.software.www"	t2	anchor:tel	01012345678
"c.software.www"	t3	info:address	BeiJing

需要注意的是，在逻辑模型上面有些列是空白的，这样的列实际上并不会被存储，当请求这些空白的单元格时会返回 null 值。如果在查询的时候不提供时间戳，那么会返回距离现在最近的那一个版本的数据，因为在存储的时候数据会按照时间戳来排序。

2.4　HBase 的特点

非关系型数据库严格意义上不是一种数据库，而是一种数据结构化存储方法的集合。HBase 作为一个典型的非关系型数据库，仅支持单行事务，通过不断增加集群中的节点数据量来增加计算能力，其具有以下特点：

（1）容量巨大。

HBase 在纵向和横向上支持大数据量存储，一个表中可以有百亿行、百万列。

（2）面向列。

HBase 是面向列（族）的存储和权限控制，列（族）独立检索。列式存储是指其数据在表中按照某列存储，在查询少数几个字段的时候能大大减少读取的数据量。

（3）稀疏性。

HBase 是基于列存储的，不存储值为空的列，因此 HBase 的表是稀疏的，这样可以节省存储空间，增加数据存储量。

（4）数据多版本。

每个单元中的数据可以有多个版本，默认情况下版本号是数据插入时的时间戳，用户可以根据需要查询历史版本数据。

（5）可扩展性。

HBase 数据文件存储在 HDFS 上，由于 HDFS 具有动态增加节点的特性，因此 HBase 也可以很容易实现集群扩展。

（6）高可靠性。

WAL（Write Ahead Log，预写日志）机制保证了数据写入时不会因集群故障而导致写入数据丢失；HBase 位于 HDFS 上，而 HDFS 也有数据备份功能；同时 HBase 引入 ZooKeeper，避免 Master 出现单点故障。

（7）高性能。

传统的关系型数据库是基于行的，在进行查找的时候是按行遍历数据，不管某一列数据是否需要都会进行遍历，而基于列的数据库会将每列单独存放，当查找一个数量较小的列的时候其查找速度很快。HBase 采用了读写缓存机制，具有高并发快速读写能力；采用主键定位数据机制，使其查询响应在毫秒级。

（8）数据类型单一。

HBase 中的数据都是字符串，没有其他类型。

2.5　HBase 的系统架构

HBase 同样是主从分布式架构，隶属于 Hadoop 生态系统，由以下组件组成：Client、ZooKeeper、HMaster、HRegionServer 和 HRegion。在底层，它将数据存储在 HDFS 中，总体结构如图 2-2 所示。

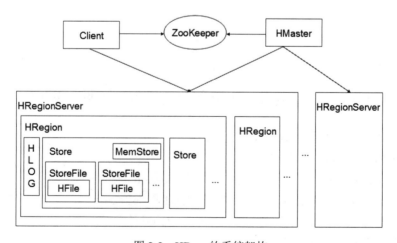

图 2-2　HBase 的系统架构

2.5.1　Client

Client 包含访问 HBase 的接口，使用 RPC 机制与 HMaster 和 HRegionServer 进行通信并维

护 Cache 来加快对 HBase 的访问，比如 HRegion 的位置信息。与 HMaster 进行通信进行管理表的操作，与 HRegionServer 进行数据读写类操作。

2.5.2　ZooKeeper

ZooKeeper 的引入使得 Master 不再是单点故障。通过选举，保证任何时候集群中只有一个处于 Active 状态的 Master，HMaster 和 HRegionServer 启动时会向 ZooKeeper 注册。ZooKeeper 的主要作用如下（图 2-3）：

（1）存储所有 HRegion 的寻址入口，从而完成数据的读写操作。

（2）实时监控 HRegionServer 的上线和下线信息，并通知给 HMaster。

（3）存放整个 HBase 集群的元数据以及集群的状态信息。

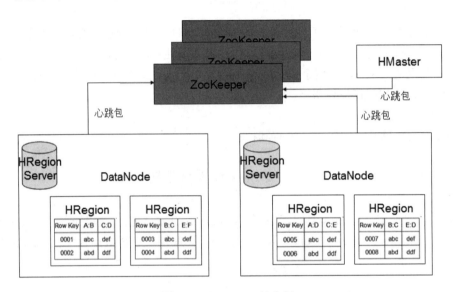

图 2-3　ZooKeeper 的作用

2.5.3　HMaster

HMaster 是 HBase 集群的主控服务器，负责集群状态的管理维护。HMaster 的作用如下（图 2-4）：

（1）管理用户对表的增、删、改、查操作。

（2）为 HRegionServer 分配 HRegion。

（3）管理 HRegionServer 的负载均衡，调整 HRegion 分布。

（4）发现失效的 HRegionServer 并重新分配其上的 HRegion。

（5）当 HRegion 切分后，负责两个新生成 HRegion 的分配。

（6）处理元数据的更新请求。

2.5.4　HRegionServer

HRegionServer 是 HBase 集群中具体对外提供服务的进程，主要负责维护 HMaster 分配给它的 HRegion 的启动和管理，响应用户读写请求（如 Get、Scan、Put、Delete 等），同时负责切分在运行过程中变得过大的 HRegion。一个 HRegionServer 包含多个 HRegion。

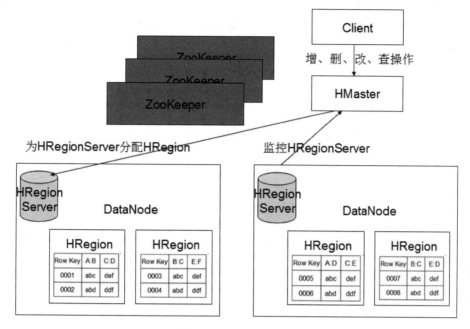

图 2-4　HMaster 的作用

HRegionServer 通过与 HMaster 通信获取自己需要服务的数据表，并向 HMaster 反馈其运行状况。HRegionServer 一般和 DataNode 在同一台机器上运行，实现数据的本地性。

2.5.5　HRegion

HBase 中的每张表都通过行键按照一定的范围被分割成多个 HRegion（子表）。每个 HRegion 都记录了它的起始 Row Key 和结束 Row Key，其中第一个 HRegion 的起始 Row Key 为空，最后一个 HRegion 的结束 Row Key 为空。由于 Row Key 是有序的，因而 Client 可以通过 HMaster 快速地定位到 Row Key 位于哪个 HRegion 中。

HRegion 负责和 Client 通信，实现数据的读写。HRegion 是 HBase 中分布式存储和负载均衡的最小单元，不同的 HRegion 分布到不同的 HRegionServer 上，每个 HRegion 大小也都不一样。HRegion 虽然是分布式存储的最小单元，但并不是存储的最小单元。HRegion 由一个或者多个 Store 组成，每个 Store 保存一个列族，因此一个 HRegion 中有多少个列族就有多少个 Store。每个 Store 又由一个 MemStore 和 0 至多个 StoreFile 组成。MemStore 存储在内存中，一个 StoreFile 对应一个 HFile 文件。HFile 存储在 HDFS 上，在 HFile 中的数据是按 Row Key、Column Family、Column 排序，对相同的单元格（即这三个值都一样）则按时间戳倒序排列。

2.6　本章小结

HBase 是一种专门为存放半结构化数据设计的数据库，它将数据存储在表里，通过表名、行键、列族、列和时间戳可以访问指定的数据。对于空值数据，HBase 并不会存储，这样可以极大地节约存储空间。HBase 具有容量大、面向列、稀疏性、多版本、可扩展性和高可靠性等特点。HBase 采用主从分布式架构，由 Client、ZooKeeper、HMaster、HRegionServer 和 HRegion 组件构成。Client 包含访问 HBase 的接口，ZooKeeper 负责提供稳定可靠的协同服务，HMaster 负责表和 HRegion 的分配工作，HRegionServer 负责 HRegion 的启动和维护，HRegion 响应来自 Client 的请求。

第 3 章　HBase 数据读写流程

在第 2 章中我们了解了 HBase 的基础知识和系统架构，HBase 将数据以 HFile 的形式存放在 HDFS 中。本章首先详细介绍 HRegionServer 的各组成部分，这里面有 HBase 的两种缓存数据 MemStore 和 BlockCache，以及两种 HDFS 文件 Hlog 和 HFile；然后讲解 HRegion 的分配原则、切分和合并策略；最后介绍 HBase 的数据读写流程。

3.1　HRegionServer 详解

HRegionServer 一般和 DataNode 在同一台机器上运行，实现数据的本地性。HRegionServer 架构如图 3-1 所示，HRegionServer 包含多个 HRegion，由 WAL、BlockCache、MemStore 和 HFile 组成。

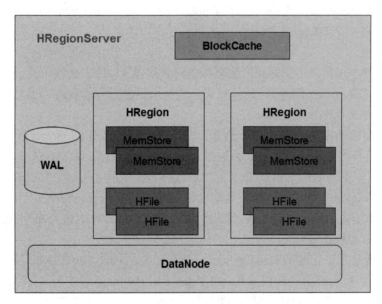

图 3-1　HRegionServer 架构

HRegion 是一个表中的一个 Region 在一个 HRegionServer 中的表达。一个表可以有一个或多个 HRegion，它们可以在一个相同的 HRegionServer 上，也可以分布在不同的 HRegionServer 上；一个 HRegionServer 可以有多个 HRegion，它们分别属于不同的表。HRegion 由多个 Store（HStore）构成，每个 HStore 对应了一个表在这个 HRegion 中的一个 Column Family，即每个 Column Family 就是一个集中的存储单元，因而最好将具有相近 I/O 特性的 Column 存储在一个 Column Family 中，以实现高效读取（数据局部性原理，可以提高缓存的命中率）。HStore 是 HBase 中存储的核心，它实现了读写 HDFS 功能，一个 HStore 由一个 MemStore 和 0 个或多个 StoreFile 组成。

3.1.1　WAL

分布式系统环境中，无法避免系统出错或者死机，因此一旦 HRegionServer 意外退出，MemStore 中的内存数据将会丢失，这就需要引入 WAL。

WAL 即 Write Ahead Log，在早期版本中称为 HLog，它是 HDFS 上的一个文件，如其名字所表示的，所有写操作都会先保证将数据写入这个 Log 文件后，才会真正更新到 MemStore，最后写入 HFile 中。每个 HRegionServer 维护一个 HLog，而不是每个 HRegion 一个。这样不同 HRegion（来自不同表）的日志会混在一起，这样做的目的是不断追加单个文件，相对于同时写多个文件而言，可以减少磁盘寻址次数，因此可以提高对表的写性能。带来的麻烦是，如果一台 HRegionServer 下线，为了恢复其上的 HRegion，需要将 HRegionServer 上的 HLog 进行拆分，然后分发到其他 HRegionServer 上进行恢复。

WAL 文件存储在/hbase/WALs/${HRegionServer_Name}目录中（在 0.94 之前，存储在/hbase/.logs/目录中），一般一个 HRegionServer 只有一个 WAL 实例，也就是说一个 HRegionServer 的所有 WAL 写都是串行的（就像 log4j 的日志写也是串行的），这当然会引起性能问题，因而在 HBase 1.0 之后，通过HBASE-5699实现了多个 WAL 并行写（配置参数为 hbase.wal.provider=multiwal，支持的值还有 defaultProvider 和 filesystem），该实现采用 HDFS 的多个管道写，以单个 HRegion 为单位。

1. WAL 滚动

通过 WAL 日志切换，可以避免产生单独的过大的 WAL 日志文件，便于后续的日志清理（可以将过期日志文件直接删除），另外如果需要使用日志进行恢复时，也可以同时解析多个小的日志文件，缩短恢复所需时间。

WAL 文件会定期滚动出新的，并删除旧的文件（已持久化到 StoreFile 中的数据）。当 HRegionServer 意外终止后，HMaster 会通过 Zookeeper 感知到，HMaster 首先会处理遗留的 HLog 文件，将其中不同 HRegion 的 Log 数据进行拆分，分别放到相应 HRegion 的目录下，然后再将失效的 HRegion 重新分配，领取到这些 HRegion 的 HRegionServer，在加载 HRegion 的过程中，会发现有历史 HLog 需要处理，因此会重读 HLog 中的数据到 MemStore 中，然后 Flush 到 StoreFile，完成数据恢复。

HLog 文件就是一个普通的 Hadoop Sequence File，Sequence File 的 Key 是 HLogKey 对象，HLogKey 中记录了写入数据的归属信息，除了 table 和 HRegion 名字外，同时还包括 Sequence Number 和 Timestamp，Timestamp 是写入时间，Sequence Number 的起始值为 0 或者是最近一次存入文件系统中的 Sequence Number。HLog Sequece File 的 Value 是 HBase 的 KeyValue 对象，即对应 HFile 中的 KeyValue。

2. WAL 失效

当 MemStore 中的数据刷新到 HDFS 后，那对应的 WAL 日志就不需要了，HLog 中有记录当前 MemStore 中各 HRegion 对应的最老的 Sequence Id，如果一个日志中的各个 HRegion 的操作的最新的 Sequence Id 均小于 WAL 中记录的各个需刷新的 HRegion 的最老的 Sequence Id，说明该日志文件就不需要了，于是就会将该日志文件从./WALs 目录移动到./oldWALs 目录，这块是在前面日志滚动完成后调用 cleanOldLogs 来处理的。

3．WAL 删除

由于 WAL 日志还会用于跨集群的同步处理，因此 WAL 日志失效后并不会立即删除，而是移动到 oldWALs 目录。由 HMaster 中的 LogCleaner 这个 Chore 线程来负责 WAL 日志的删除，在 LogCleaner 内部通过参数 {hbase.master.logcleaner.plugins} 以插件的方式来筛选出可以删除的日志文件。目前配置的插件有 ReplicationLogCleaner、SnapshotLogCleaner 和 TimeToLive-LogCleaner。

3.1.2　MemStore

MemStore 是一个写缓存（In Memory Sorted Buffer），所有要写的数据在完成 WAL 日志写后会写入 MemStore 中，由 MemStore 根据一定的算法将数据 Flush 到底层 HDFS 文件中（HFile）。通常在每个 HStore 中都有一个 MemStore，即它是 HRegion 中的 Column Family 对应的一个实例。它的排列顺序以 Row Key、Column Family、Column 的顺序以及 Timestamp 的倒序，如图3-2 所示。

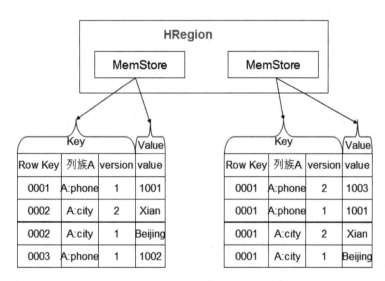

图 3-2　MemStore 实例

每一次 Put/Delete 请求都是先写入到 MemStore 中，当 MemStore 满后会 Flush 成一个新的 StoreFile（底层实现是 HFile），即一个 HStore（Column Family）可以有 0 个或多个 StoreFile（HFile）。有以下两种情况可以触发 MemStore 的 Flush 动作，需要注意的是 MemStore 的最小 Flush 单元是 HRegion 而不是单个 MemStore：当一个 HRegion 中的所有 MemStore 的大小总和超过了 hbase.hregion.memstore.flush.size 的大小，默认 128MB，此时当前的 HRegion 中所有的 MemStore 会 Flush 到 HDFS 中；而当全局 MemStore 的大小超过了 hbase.regionserver.global. memstore.upperLimit 的大小，默认 40% 的内存使用量，HRegionServer 中所有 HRegion 中的 MemStore 也都会 Flush 到 HDFS 中，Flush 顺序是 MemStore 大小的倒序，直到总体的 MemStore 使用量低于 hbase.regionserver.global.memstore.lowerLimit，默认 38% 的内存使用量。

在 MemStore Flush 过程中，还会在尾部追加一些 Meta 数据，其中就包括 Flush 时最大的 WAL Sequence 值，以告诉 HBase 这个 StoreFile 写入的最新数据的序列，那么在恢复时就知道从哪里开始。在 HRegion 启动时，这个 Sequence 会被读取，并取最大的作为下一次更新时的起始 Sequence。

3.1.3　BlockCache

客户的读请求会先到 MemStore 中查数据，若查不到就到 BlockCache 中查，再查不到就会从磁盘上读，并把读入的数据同时放入 BlockCache。我们知道缓存有三种不同的更新策略，分别是 FIFO（先入先出）、LRU（最近最少使用）和 LFU（最近最不常使用），HBase 的 BlockCache 采用的是 LRU 策略。当 BlockCache 的大小达到上限（heapsize * hfile.block.cache.size * 0.85）后，会触发缓存淘汰机制，将最老的一批数据淘汰掉。一个 HRegionServer 上有一个 BlockCache 和多个 MemStore。

HBase RegionServer 包含三个级别的 Block 优先级队列：

（1）Single 队列：如果一个 Block 第一次被访问，则放在这一优先级队列中。

（2）Multi 队列：如果一个 Block 被多次访问，则从 Single 队列移到 Multi 队列中。

（3）InMemory 队列：如果一个 Block 是 InMemory 的，则放到这个队列中。将 Cache 分级思想的好处在于：首先，通过 InMemory 类型 Cache，可以有选择地将 in-memory 的列族放到 RegionServer 内存中，例如 Meta 元数据信息；其次，通过区分 Single 和 Multi 类型 Cache，可以防止由于 Scan 操作带来的 Cache 频繁颠簸，将最少使用的 Block 加入到淘汰算法中。

BlockCache 的大小是固定的，由参数 hfile.block.cache.size 决定，默认是 HRegionServer 堆内存的 40%。BlockCache 的初始化在 HRegionServer 的 handleReportForDutyResponse 里完成，HRegionServer 有一个 HeapMemoryManager 类型的成员变量，用于管理 HRegionServer 进程的堆内存，HeapMemoryManager 中的 BlockCache 就是 HRegionServer 中的读缓存。

3.1.4　HFile

HBase 的数据以 KeyValue（Cell）的形式顺序存储在 HFile 中，在 MemStore 的 Flush 过程中生成 HFile，在 HFile 中的数据是按 Row Key、Column Family、Column 排序，对相同的 Cell（即这三个值都一样）则按 Timestamp 倒序排列。由于 MemStore 中存储的 Cell 遵循相同的排列顺序，因而 Flush 过程是顺序写。由于不需要不停地移动磁盘指针，因此磁盘的顺序写性能很高。

HFile 参考 BigTable 的 SSTable 和 Hadoop 的 TFile实现，HFile 文件分为表 3-1 所示的六大部分。

表 3-1　HFile 组成部分

名称	描述
数据块	由多个 Block(块)组成,每个块的格式为: [块头] + [Key 长] + [Value 长] + [Key] + [Value]
元数据块	元数据是 Key-Value 类型的值，但元数据块只保存元数据的 Value 值，元数据的 Key 值保存在第五项（元数据索引块）中，该块由多个元数据值组成
FileInfo 块	该块保存与 HFile 相关的一些信息。FileInfo 是以 Key 值排序 Key-Value 类型的值，基本格式为：KeyValue 元素的个数 + (Key + Value 类型 id + Value) + (Key + Value 类型 id + Value) + …

名称	描述
数据索引块	该块的组成为：索引块头 + (数据块在文件中的偏移 + 数据块长 + 数据块的第一个 Key) + (数据块在文件中的偏移 + 数据块长 + 数据块的第一个 Key) + …
元数据索引块	该块组成格式同数据块索引，只是部分的意义不一样，组成格式为：索引块头 + (元数据在文件中的偏移 + 元数据 Value 长 + 元数据 Key) + (元数据在文件中的偏移 + 元数据 Value 长 + 元数据 Key) + …
HFile 文件尾	该块记录了其他各块在 HFile 文件中的偏移信息和其他一些元信息。组成格式为：文件尾 + Fileinfo 偏移 + 数据块索引偏移 + 数据块索引个数 + 元数据索引偏移 + 元数据索引个数 + 数据块中未压缩数据字节数 + 数据块中全部数据的 Key-Value 个数 + 压缩代码标识 + 版本标识

1．数据块

数据块部分由多个 Block 块组成，每个数据块由块头 + 多个 Cell（Key-Value 对）集合组成。每个数据块的大小在创建表的列族时可以指定，由 HColumnDescriptor.setBlockSize（int）设置，默认大小为 64*1024。块设置得越小，访问速度越快，但数据块索引越大，消耗的内存越多，因为在加载 HFile 时会把数据块索引全部加载到内存中。数据块组成如图 3-3 所示。

Data Block Magic **{'D', 'A', 'T', 'A', 'B', 'L', 'K', 42 }**			
Key长	Value长	Key	Value
……	……	……	……
Key长	Value长	Key	Value
Blocks ……			

图 3-3　数据块数据格式

（1）Data Block Magic：数据块头，8 字节，固定字节如下：{'D', 'A', 'T', 'A', 'B', 'L', 'K', 42 }。

（2）Key 长：4 字节，整型，记录每个 Cell 的 Key 的长度。

（3）Value 长：4 字节，整型，记录每个 Cell 的 Value 的长度。

（4）Key：Cell 的 Key 值，byte[]类型，组成如下：rowKey 的长（2 字节） + rowKey + Family 的长（1 字节） + Family + Qualify + Timestamp（8 字节） + KeyType 类型（1 字节）。

1）rowKey 的长度不能大于 0x7fff（32767）。

2）rowKey 不能为空。

3）Family（列族）的长度不能大于 0x7f（127）。

4）Qualify（限定符）的长度不能大于(0x7fffffff（2147483647） − row 长度 − Family 长度)。

（5）Value：Cell 的 Value 值，byte[]类型，Value 值不能为空。

例如，在 HBase 中有一个表（student），其中有一个列族（info），该列族不压缩。其中的

rowKey 用学号表示，现在插入一个记录（rowKey='0001', qualify='age', value='16'）。那么该记录将被表示成一个 Cell（Key-Value 对）保存到 HFile 中，那么该 Cell 在 HFile 中的内容如表 3-2 所示。

表 3-2　HFile 存储示例

项	字节表示
Key 长	{0,0,0,28}
Value 长	{0,0,0,2}
Key	{0,4}+{'0', '0', '0', '1'}+{4}+{'i', 'n', 'f', 'o'}+{'a', 'g', 'e'}+{0,2,1,4,1,1,6,3}+{4}
Value	{'1', '6'}

2. 元数据块

每个元数据是 Key-Value 类型的值，由元数据头+元数据值组成，新增的元数据会按照从小到大的顺序排序。在 StoreFile 中，如果使用 BloomFilter，则 StoreFile 将会把 BloomFilter 的信息保存到 HFile 中的元数据中，元数据块中只保存元数据的 Value 值，Key 值保存在元数据索引块中。格式如图 3-4 所示。

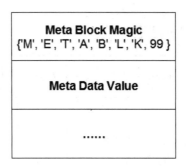

图 3-4　元数据块数据格式

3. FileInfo

FileInfo 中保存的信息为 Key-Value 类型的值，其中 Key 与 Value 都是 byte[]类型。每个新增的值在内部都以值 Key 顺序从小到大进行排序。FileInfo 保存了与该 HFile 相关的一些信息，其中有系统保留的一些固定的值，这些值的 Key 以 "hfile." 为前缀，也可以保存用户自定义的一些值，但这些值的 Key 不能以 "hfile." 开头。其中系统内部保留的一些值如表 3-3 所示。

表 3-3　FileInfo 保留值

项	Key（字符串表示，实际以二进制存储）	Value
LASTKEY	hfile.LASTKEY	该 HFile 中的数据块中的最后一个值的 Key，该值如果为空则不进行保存
AVG_KEY_LEN	hfile.AVG_KEY_LEN	该 HFile 中的数据块中的所有值 Key 的平均长度
AVG_VALUE_LEN	hfile.AVG_VALUE_LEN	该 HFile 中的数据块中的所有值 Value 的平均长度

续表

项	Key（字符串表示，实际以二进制存储）	Value
COMPARATOR	hfile.COMPARATOR	在 HFile 中的数据块中的值都是以值的 Key 进行排序来存放的，而 Key 的组成比较复杂，这就需要一个 Key 的比较器类，而该值保存了 Key 值比较器的类的名称

FileInfo 在 HFile 中的格式如图 3-5 所示。

FileInfo中所有值（Key-Value对）的个数		
Key	Value类型标识	Value
Key	Value类型标识	Value
……		

图 3-5　FileInfo 数据格式

FileInfo 各项说明：

（1）FileInfo 中所有值（Key-Value 对）的个数：整型，四字节。

（2）Key 值：保存 FileInfo 中值的 Key 值。在 HFile 中的组成为 Key 长 + Key。

其中 Key 长以压缩的整型保存，整型类型包括 byte、short、int、long，如果该整数用 i 表示，详细说明如下：

1）当 $-112 \leqslant i \leqslant 127$ 时，用一个字节保存实际值。

2）其他情况下，第一个字节表示该整数的正负与该整数占字节长度，随后存储的是从该整数补码的高位算起的第一个非 0 字节的所有值。如果第一个字节为 v，详细说明如下：

a）当 $-120 \leqslant i \leqslant -113$ 时，表示该值为正数，该数所占字节为 -(v+112)。

b）当 $-128 \leqslant i \leqslant -121$ 时，表示该值为负数，该数所占字节为 -(v+120)。

压缩实例如表 3-4 所示。

表 3-4　压缩实例

初始值	压缩后，以字节表示	说明
-87	{-87}	第一种情况
127	{127}	第一种情况
-1246	{-122} + {4, -35}	第二种情况的 b 类型。{-122}表示该数为负数，并且所占字节长度为-(-122+120)=2 字节。其中{4,-35}保存的是-1246 的补码 1245 的第一个非 0 字节开始的所有字节。1245 的十六进制为 0x04DD，非 0 字节共 2 个，第一个为 0x04(4)，第二个为 0xDD(-35)，组合在一起为{-122,4,-35}

初始值	压缩后，以字节表示	说明
130	{-113} + {-126}	第二种情况的 a）类型。{-113}表示该数为正数，并且所占字节长度为-(-113+112)=1 字节。其中{-126}保存的是 130 的补码 130 的第一个非 0 字节开始的所有字节。130 的十六进制为 0x04DD，非 0 字节共 2 个，第一个为 0x04（4），第二个为 0x82（-126），组合在一起为{-113, -126}

（3）Value 值：保存 FileInfo 中值的 Value 值。在 HFile 中的组成为：Value 长 + Value。

4. 数据块索引

数据块索引保存的是每一个数据块在 HFile 文件中的位置、大小信息以及每个块的第一个 Cell 的 Key 值。格式如图 3-6 所示。

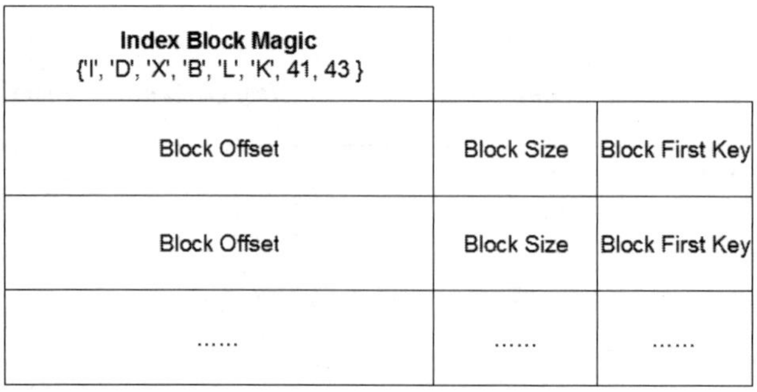

图 3-6　数据块索引数据格式

格式各项说明：

（1）Block Offset：块在 HFile 中的偏移，long（8 字节）。

（2）Block Size：块大小，int（4 字节）。

（3）Block First Key：块中第一个 Cell（Key-Value）值的 Key，该值的组成为：Key 长（压缩整型表示）+ Key 值。

5. 元数据块索引

该数据块的格式与数据块索引相同，元数据块索引保存的是每一个元数据在 HFile 文件中的位置、大小信息以及每个元数据的 Key 值。格式如图 3-7 所示。

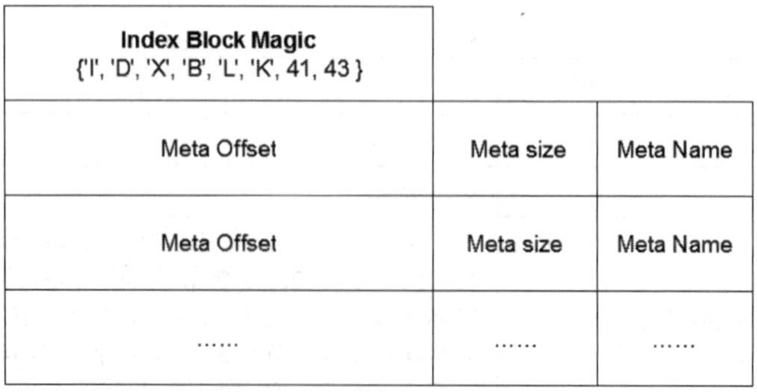

图 3-7　元数据块索引数据格式

格式各项说明：

（1）Meta Offset：元信息在 HFile 中的偏移，long（8 字节）。

（2）Meta Size：元信息数据大小，int（4 字节）。

（3）Meta Name：元信息中的 Key 值，该值的组成为：Key 长（压缩整型表示）+ Key 值。

6．文件尾

文件尾主要保存了该 HFile 的一些基本信息，格式比较简单，如图 3-8 所示。

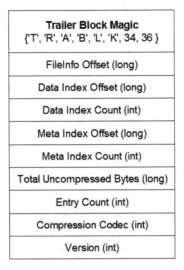

图 3-8　文件尾数据格式

说明如下：

（1）FileInfo Offset：FileInfo 信息在 HFile 中的偏移，long（8 字节）。

（2）DataIndex Offset：数据块索引在 HFile 中的偏移，long（8 字节）。

（3）DataIndex Count：数据块索引的个数，int（4 字节）。

（4）MetaIndex Offset：元数据索引块在 HFile 中的偏移，long（8 字节）。

（5）MetaIndex Count：元数据索引块的个数，int（4 字节）。

（6）TotalUncompressedBytes：未压缩的数据块部分的总大小，long（8 字节）。

（7）Entry Count：数据块中所有 Cell（Key-Value）的个数，int（4 字节）。

（8）Compression Codec：压缩算法为 Enum 类型，该值表示压缩算法代码（LZO-0、GZ-1、NONE-2），int（4 字节）。

（9）Version：版本信息，当前该版本值为 1，int（4 字节）。

其中 Value 长以压缩的整型保存，压缩整型具体格式参考 Key 值中关于压缩整型的说明。

3.1.5　HRegionServer 的恢复

当一台 HRegionServer 死机时，由于它不再发送心跳包给 ZooKeeper 而被监测到，此时 ZooKeeper 会通知 HMaster，HMaster 会检测到哪台 HRegionServer 死机，它将死机的 HRegionServer 中的 HRegion 重新分配给其他的 HRegionServer，同时 HMaster 会把死机的 HRegionServer 相关的 WAL 拆分分配给相应的 HRegionServer（将拆分出的 WAL 文件写入对

应 HRegionServer 的 WAL 目录中，并写入相应的 DataNode），从而使这些 HRegionServer 可以滚动分到的 WAL 来重建 MemStore。

3.1.6 HRegionServer 的上线下线

HMaster 使用 ZooKeeper 来跟踪 HRegionServer 状态。当某个 HRegionServer 启动时，会首先在 ZooKeeper 上的 Server 目录下建立代表自己的文件，并获得该文件的独占锁。由于 HMaster 订阅了 HRegionServer 目录上的变更消息，当 HRegionServer 目录下的文件出现新增或删除操作时，HMaster 可以得到来自 ZooKeeper 的实时通知。因此一旦 HRegionServer 上线，HMaster 能马上得到消息。

当 HRegionServer 下线时，它和 ZooKeeper 的会话断开，ZooKeeper 自动释放代表这台 Server 的文件上的独占锁，而 HMaster 不断轮询 Server 目录下文件的锁状态。如果 HMaster 发现某个 HRegionServer 丢失了它自己的独占锁，或者 HMaster 连续几次和 HRegionServer 通信都无法成功，HMaster 就会尝试去获取代表这个 HRegionServer 的读写锁，一旦获取成功，就可以确定以下的一种情况发生：

（1）HRegionServer 和 ZooKeeper 之间的网络断开。

（2）HRegionServer 挂了。

无论哪种情况，HRegionServer 都无法继续为它的 HRegion 提供服务，此时 HMaster 会删除 Server 目录下代表这台 HRegionServer 的文件，并将这台 HRegionServer 的 HRegion 分配给其他还活着的机器。

如果网络短暂出现问题导致 HRegionServer 丢失了它的锁，那么 HRegionServer 重新连接到 ZooKeeper 之后，只要代表它的文件还在，它就会不断尝试获取这个文件上的锁，一旦获取到了，就可以继续提供服务。

3.2　HRegion

在 HBase 中，一个表的表行的多少决定了 HRegion 的大小，表的列族个数决定了 Store 的多少，一个 Store 对应一个 MemStore 和多个 StoreFile，StoreFile 则对应一个 HFile，如图 3-9 所示。

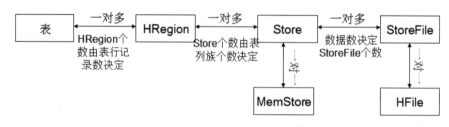

图 3-9　HBase 各成员对应关系

HBase 表创建时默认就是一个 HRegion，在行记录不断增加下，达到一定的数值 HRegion 会自动切分，变成多个 HRegion，每一个 HRegion 由多个 Store 组成（Store 的个数由 HBase 表列族个数决定）。

图 3-10 所示的测试案例表中，表建立和数据插入都通过 HBase Shell 操作，数据都仅仅是

十几条记录，可以看到 HBase 表对应的 HRegion 个数。每一个 HRegion 存储一张表的若干行，行里每一个列族对应一个 HStore 实例，列族个数影响性能，所以对于一个表，创建 HRegion 的时候已经包含了所有列族，剩下就是对行的存储，行越多，HRegion 就越多。所以一个 HRegion 不可能包含其他表的列族，只有本表的列族。

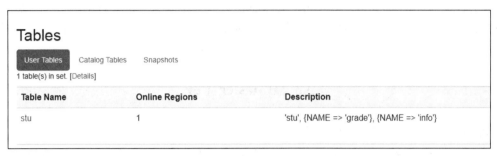

图 3-10   stu 表 Web 信息描述

3.2.1   HRegion 分配

任何时刻，一个 HRegion 只能分配给一个 HRegionServer。HMaster 记录了当前有哪些可用的 HRegionServer，以及当前哪些 HRegion 分配给了哪些 HRegionServer，哪些 HRegion 还没有分配。当存在未分配的 HRegion，并且有一个 HRegionServer 上有可用空间时，HMaster 就给这个 HRegionServer 发送一个装载请求，把 HRegion 分配给这个 HRegionServer。HRegionServer 得到请求后，就开始对此 HRegion 提供服务。

3.2.2   HRegion Split

最初，一个 Table 只有一个 HRegion。随着数据写入增加，如果一个 HRegion 到达一定的大小，就需要 Split 成两个 HRegion，其大小由 hbase.hregion.max.filesize 指定，默认为 10GB。当 Split 时，两个新的 HRegion 会在同一个 HRegionServer 中创建，它们各自包含父 HRegion 一半的数据。当 Split 完成后，父 HRegion 会下线，而新的两个子 HRegion 会向 HMaster 注册上线。出于负载均衡的考虑，这两个新的 HRegion 可能会被 HMaster 分配到其他的 HRegionServer中，此时会引起有些 HRegionServer 处理的数据在其他节点上，直到下一次 Major Compaction 将数据从远端的节点移动到本地节点。

3.2.3   HRegion Compact

当文件达到一定数量（默认 3）时就会触发 Compact 操作，将多个 HFile 文件合并成一个 HFile 文件，将多个 StoreFile 文件合并成一个 StoreFile 文件，而大文件恰恰又是 HDFS 所擅长。合并过程中会进行版本合并和数据删除，因此可以看出 HBase 只是增加数据，所有的更新和删除操作都是在合并阶段做的，客户端写操作只需要进入到内存即可立即返回，从而保证 HBase 读写的高性能。

表在 HRegion 中是按照 Row Key 来排序的，并且一个 Row Key 所对应的行只会存储在一个 HRegion 中，而一个列族占用一个 StoreFile，因此当切分的时候一个 HRegion 中的 StoreFile 文件大小各不相同。甚至有可能出现一个列族已经有 1000 万行，而另外一个才 100 行的情况，当 HRegion 分割的时候，会导致 100 行的列会同样分布到多个 HRegion 中，所以一般建议不要设置多个列族。

当合并的时候，会将 HRegion 中的同一列族对应的 StoreFile 合并，又会逐渐形成越来越大的 StoreFile，当单个 StoreFile 大小超过一定阈值后，又会触发所在 HRegion 的 Split 操作，也就是说 HRegion 再循环地执行 Split 和 Compact，但并不是无限地执行下去，一般来说单个 StoreFile 文件大小达到 6.2GB 时就会停止 Split，避免在 HRegion 过大时频繁 Split 而影响 HBase 的性能。

3.3　HMaster 上线

HMaster 启动进行以下步骤：

（1）从 ZooKeeper 上获取唯一一个代表 HMaster 的锁，用来阻止其他 HMaster 成为 Master。

（2）扫描 ZooKeeper 上的 Server 目录，获得当前可用的 HRegionServer 列表。

（3）和（2）中的每个 HRegionServer 通信，获得当前已分配的 HRegion 和 HRegionServer 的对应关系。

（4）扫描.META.Region 的集合，计算得到当前还未分配的 HRegion，将它们放入待分配 HRegion 列表。

由于 HMaster 只维护表和 HRegion 的元数据，而不参与表数据 I/O 的过程，HMaster 下线仅导致所有元数据的修改被冻结（无法创建删除表，无法修改表的 Schema，无法进行 HRegion 的负载均衡，无法处理 HRegion 上下线，无法进行 HRegion 的合并，唯一例外的是 HRegion 的 Split 可以正常进行，因为只有 HRegionServer 参与），表的数据读写还可以正常进行，因此 HMaster 下线短时间内对整个 HBase 集群没有影响。从上线过程可以看到，HMaster 保存的信息全是冗余信息（都可以从系统的其他地方收集到或者计算出来），因此，一般 HBase 集群中总是有一个 HMaster 在提供服务，还有一个以上的 Master 在等待时机抢占它的位置。

3.4　数据读流程

在 HBase 0.96 以前，HBase 有两个特殊的 Table：-ROOT-和.META.（如 BigTable 中的设计），其中-ROOT-表的位置存储在 ZooKeeper，它存储了.META.表的 RegionInfo 信息，并且它只能存在一个 HRegion，而.META.表则存储了用户 Table 的所有 RegionInfo 信息，它可以被切分成多个 HRegion（用户 Table 数量可能会很多）。它的 Row Key 是 tableName、regionStartKey、regionId、replicaId 等；它只有 info 列族，这个列族包含三个列，分别是 info:regioninfo 列，它是 RegionInfo 的 proto 格式（regionId，tableName，startKey，endKey，offline，split，replicaId）；info:server 列，它是 HRegionServer 对应的 server:port；info:serverstartcode 列，它是 HRegionServer 的启动时间戳。

因而第一次访问用户 Table 时，首先从 ZooKeeper 中读取-ROOT-表所在的 HRegionServer；然后从该 HRegionServer 中根据请求的 TableName，Row Key 读取.META.表所在的 HRegionServer；最后从该 HRegionServer 中读取.META.表的内容而获取此次请求需要访问的 HRegion 所在的位置，然后访问该 HRegionServer 获取请求的数据，这需要三次请求才能找到用户 Table 所在的位置，然后第四次请求开始获取真正的数据。当然为了提升性能，客户端会缓存-ROOT- Table 位置以及-ROOT-和.META. Table 的内容，如图 3-11 所示。

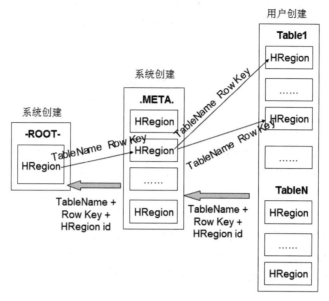

图 3-11 数据读流程

说明：

（1）-ROOT- HRegion 永远不会被 Split，保证了最多需要三次跳转就能定位到任意 HRegion。

（2）.META.表每行保存一个 HRegion 的位置信息，Row Key 采用表名 + 表的最后一行编码而成。

（3）为了加快访问，.META.表的全部 HRegion 都保存在内存中。

假设.META.表的一行在内存中大约占用 1KB，并且每个 HRegion 大小限制为 128MB，那么上面的三层结构可以保存的 HRegion 数目为：

$$(128MB/1KB) * (128MB/1KB) = 2^{34} \text{ 个 HRegion}$$

（4）Client 会将查询过的位置信息保存并缓存起来，缓存不会主动失效，因此如果 Client 上的缓存全部失效，则需要进行 6 次网络来回才能定位到正确的 HRegion（其中三次用来发现缓存失效，另外三次用来获取位置信息）。

具体数据访问流程如下：

（1）Client 会通过内部缓存的相关-ROOT-中的信息和.META.中的信息直接连接与请求数据匹配的 HRegionServer（0.98.8 版本是在系统表.META.中）。

（2）直接定位到该服务器上与客户请求对应的 HRegion，客户请求首先会查询该 HRegion 在内存中的缓存——MemStore（MemStore 是一个按 Key 排序的树形结构的缓冲区）。

如果在 MemStore 中查到结果则直接将结果返回给 Client；如果在 MemStore 中没有查到匹配的数据，接下来会读已持久化到 StoreFile 文件（HFile）中的数据。StoreFile 也是按 Key 排序的树形结构的文件，并且是特别为范围查询或 Block 查询优化过的。另外，HBase 读取磁盘文件是按其基本 I/O 单元（即 HBase Block）读数据的。

（3）如果在 BlockCache 中能查到要找的数据则直接返回结果，否则就去相应的 StoreFile

文件中读取一个 Block 的数据，如果还没有读到要查的数据，就将该数据 Block 放到 HRegionServer 的 BlockCache 中，然后接着读下一个 Block 块的数据，一直循环到找到要请求的数据并返回结果。如果该 HRegion 中的数据都没有查到要找的数据，最后直接返回 null，表示没有找到匹配的数据。当然 BlockCache 会在其大于一阈值（heapsize hfile.block.cache.size* 0.85）后启动基于 LRU 算法的淘汰机制，将最老最不常用的 Block 删除。

3.5　数据写流程

当客户端发起 Put 等请求时，HBase 会执行数据写流程。

（1）客户端首先访问 ZooKeeper 查找-ROOT-表，然后获取.META.表信息。-ROOT-表永远只会占用一个 HRegion，但.META.表可能会比较大，占用多个 HRegion，所以要通过-ROOT-查找.META.表。

（2）.META.表记录了每个 HRegionServer 包含 HRegion 的 Row Key 范围，根据 Row Key 找到对应的 HRegionServer 地址，HRegionServer 会将请求匹配到某个具体的 HRegion 上面。

（3）HRegion 首先把数据写入 WAL。所有写操作都会先将数据写入这个 Log 文件后才会真正更新 MemStore。一旦集群崩溃，通过重放 Log，系统可以恢复到崩溃之前的状态，不会丢失数据。

（4）WAL 写入成功后，把数据写入缓存 MemStore，写完后检查所有 MemStore 大小的总和是否达到 Flush 阈值，如果达到，HRegionServer 处理 Flush 请求，将数据写入 StoreFile 并以 HFile 的形式存到 HDFS 上。

3.6　删除数据流程

HBase 删除操作不会立即删除 HFile，会先将数据打一个删除标记，当开启一个大的合并时才会将打标记的数据删除，这个大合并消耗比较大的性能，只有在晚上或者资源使用少时才会使用。

由于所有的存储文件都是不可变的，从这些文件中删除一个特定的值是做不到的，通过重写存储文件将已经被删除的单元格移除也是毫无意义的，墓碑标记就是用于此类情况的，它标记着"已删除"信息，这个标记可以是单独一个单元格、多个单元格或一整行。

3.7　本章小结

在 NoSQL 中，存在著名的 CAP 理论，即 Consistency（数据一致性）、Availability（服务可用性）、Partition Tolerance（分区容错性）不可全得。目前市场上的 NoSQL 基本都采用 Partition Tolerance 以实现数据的水平扩展来处理关系型数据库遇到的无法处理数据量太大的问题或引起的性能问题，因而只有剩下 C 和 A 可以选择。HBase 在两者之间选择了 Consistency，然后使用多个 HMaster 以支持 HRegionServer 的失效监控，ZooKeeper 引入作为协调者等各种手段来解决 Availability 问题，然而当网络分裂发生时，它还是无法完全解决 Availability 的问题。从这个角度上，Cassandra 选择了 A，即它在网络分裂时还是能正常写，而使用其他技术来解决 Consistency 的问题，如读的时候触发 Consistency 判断和处理，这是设计上的限制。

从实现上的优点来说，HBase 采用强一致性模型，在一个写返回后，保证所有的读都读到相同的数据。通过 HRegion 动态 Split 和 Merge 实现自动扩展，并使用 HDFS 提供的多个数据备份功能实现高可用性。采用 HRegionServer 和 DataNode 运行在相同的服务器上实现数据的本地化，提升读写性能，并减少网络压力。内建 HRegionServer 的死机自动恢复，采用 WAL 来重写还未持久化到 HDFS 的数据，可以无缝地和 Hadoop MapReduce 集成。

第4章 HBase 环境搭建

HBase 运行环境需要依赖于 Hadoop 集群，如果 Hadoop 尚未搭建，可以参考本套教材《Hadoop 大数据开发》的相关章节。HBase 引入 ZooKeeper 来管理集群的 Master 和入口地址，因此需要先安装 ZooKeeper，再设置 HBase。本章将会详细介绍 HBase 的环境搭建以及可能遇到的错误事项。

4.1 ZooKeeper 的安装

在 ZooKeeper 集群环境下只要一半以上的机器正常启动了，那么 ZooKeeper 服务将是可用的。因此，集群上部署 ZooKeeper 最好使用奇数台机器，这样如果有 5 台机器，只要 3 台正常工作则服务将正常。在目前的实际生产环境中，一个 Hadoop 集群最多有三台节点作备用 Master，即并不是所有节点都安装 ZooKeeper。如果以实验为目的，可以将所有节点都安装 ZooKeeper 并作为 Master 使用。

本书使用的 ZooKeeper 版本是 zookeeper-3.4.5，可以在 Apache 的官网下载，下载地址为 http://apache.fayea.com/zookeeper/。

1. 解压

将下载好的 ZooKeeper 文件上传到 Hadoop 集群中的 master 节点，使用命令 tar -zxvf zookeeper-3.4.5.tar.gz   -C /hadoop/将其解压。

2. 修改配置文件

（1）创建文件夹。

mkdir /hadoop/zookeeper-3.4.5/data/hadoop/zookeeper-3.4.5/log

（2）修改 zoo.cfg。

进入 ZooKeeper 的 conf 目录修改 zoo.cfg。

cp zoo_sample.cfg   zoo.cfg

修改 zoo.cfg 的内容为：

dataDir=/hadoop/zookeeper-3.4.5/data

dataLogDir=/hadoop/zookeeper-3.4.5/log

server.0=192.168.254.128:2888:3888

server.1=192.168.254.129:2888:3888

server.2=192.168.254.131:2888:3888

除了 dataDir 的内容为修改外，其他配置信息均为新增。

（3）创建 myid 文件。

在/hadoop/zookeeper-3.4.5/data 文件夹下创建 myid 文件，将其值修改为 0。需要注意的是，zoo.cfg 中 server.后面的数值必须和"="后面 IP 中的 myid 值保持一致，即 IP 为 192.168.149.129 的节点中 myid 的值必须为 1，IP 为 192.168.149.131 的节点中 myid 的值必须为 2。

（4）分发到 slave1 和 slave2 节点。

scp -r /hadoop/zookeeper-3.4.5/ slave1:/hadoop/

scp -r /hadoop/zookeeper-3.4.5/ slave2:/hadoop/

同时按照步骤（3）的要求修改 myid 文件对应的值。

3．修改三个节点的环境变量

在/etc/profile 文件末尾添加 export PATH=$PATH:/hadoop/zookeeper-3.4.5/bin 并执行命令 source /etc/profile 使配置的环境变量生效。

4．测试

在三个节点上分别执行命令 zkServer.sh start，启动后可以通过命令 zkServer.sh status 查看 ZooKeeper 的运行状态，其中只能有一个节点充当 leader，其余所有节点均为 follower。 ZooKeeper 的进程名叫 QuorumPeerMain，如图 4-1 至图 4-6 所示。

```
[root@master etc]# zkServer.sh  status
JMX enabled by default
Using config: /hadoop/zookeeper-3.4.5/bin/../conf/zoo.cfg
Mode: follower
```

图 4-1　master 节点 ZooKeeper 运行状况

```
[root@slave1 etc]# zkServer.sh status
JMX enabled by default
Using config: /hadoop/zookeeper-3.4.5/bin/../conf/zoo.cfg
Mode: follower
```

图 4-2　slave1 节点 ZooKeeper 运行状况

```
[root@slave2 hbase-1.4.0]# zkServer.sh status
JMX enabled by default
Using config: /hadoop/zookeeper-3.4.5/bin/../conf/zoo.cfg
Mode: leader
```

图 4-3　slave2 节点 ZooKeeper 运行状况

```
[root@master etc]# jps
2772 SecondaryNameNode
2917 ResourceManager
2586 NameNode
37994 Jps
37965 QuorumPeerMain
```

图 4-4　master 节点 jps 信息

```
[root@slave1 etc]# jps
2257 NodeManager
19617 QuorumPeerMain
2156 DataNode
19708 Jps
```

图 4-5　slave1 节点 jps 信息

```
[root@slave2 hbase-1.4.0]# jps
28564 Jps
2150 DataNode
28456 QuorumPeerMain
2251 NodeManager
```

图 4-6　slave2 节点 jps 信息

4.2　HBase 的安装

本书使用的 HBase 版本是 hbase-1.3.1（不采用 1.4.0 的原因是该版本基于 Hadoop 2.7.4 平

台开发，而本书使用的 Hadoop 版本是 2.6.5，会存在部分版本兼容性问题），可以在 Apache 的官网下载，下载地址为http://archive.apache.org/dist/hbase/。

1. 解压

将下载好的 HBase 文件上传到 Hadoop 集群中的 master 节点，使用命令 tar -zxvf hbase-1.3.1-bin.tar.gz -C /hadoop/将其解压。

2. 修改 HBase 的配置文件

（1）修改 hbase-env.sh 文件。

新增四项配置：

export HBASE_CLASSPATH=/hadoop/hadoop-2.6.5/etc/hadoop

export HBASE_PID_DIR=/var/hadoop/pids

export JAVA_HOME=/Java/jdk1.8.0_144/

export HBASE_MANAGES_ZK=false

其中 HBASE_CLASSPATH 是 Hadoop 的配置文件路径，配置 HBASE_PID_DIR 时先创建目录/var/hadoop/pids。

一个分布式运行的 HBase 依赖一个 ZooKeeper 集群，所有的节点和客户端都必须能够访问 ZooKeeper。默认的情况下 HBase 会管理一个 ZooKeeper 集群，即 HBase 默认自带一个 ZooKeeper 集群，这个集群会随着 HBase 的启动而启动。而在实际的商业项目中通常自己管理一个 ZooKeeper 集群更便于优化配置提高集群工作效率，但需要配置 HBase。需要修改 conf/hbase-env.sh 里面的 HBASE_MANAGES_ZK 来切换，这个值默认是 true，作用是让 HBase 启动的同时也启动 ZooKeeper。在安装的过程中，采用独立运行 ZooKeeper 集群的方式，故将其属性值改为 false。

（2）修改 regionservers 文件。

regionservers 文件负责配置 HBase 集群中哪台节点作 RegionServer 服务器，本书的规划是所有 slave 节点均可当作 RegionServer 服务器，故其配置内容为：

slave1

slave2

（3）修改 hbase-site.xml 文件。

hbase-site.xml 文件内容修改为：

```
<?xml version="1.0"?>
<?xml-stylesheet type="text/xsl" href="configuration.xsl"?>
<configuration>
<property>
    <name>hbase.rootdir</name>
    <value>hdfs://192.168.254.128:9000/hbase</value>
</property>
<property>
    <name>hbase.master</name>
    <value>hdfs://192.168.254.128:60000</value>
</property>
```

```
<property>
    <name>hbase.zookeeper.property.dataDir</name>
    <value>/hadoop/zookeeper-3.4.5/data</value>
</property>
<property>
    <name>hbase.cluster.distributed</name>
    <value>true</value>
</property>
<property>
    <name>hbase.zookeeper.quorum</name>
    <value>master,slave1,slave2</value>
</property>
<property>
    <name>hbase.zookeeper.property.clientPort</name>
    <value>2181</value>
</property>
<property>
    <name>hbase.master.info.port</name>
        <value>60010</value>
</property>
</configuration>
```

注意：hbase.zookeeper.quorum 用来设置 HBase 集群中哪些节点安装了 ZooKeeper，只能设置为主机名而不是 IP 地址。HBase1.0 以后的版本需要手动配置 Web 访问端口号 60010。

（4）分发到 slave1 和 slave2 节点。

scp -r /hadoop/hbase-1.3.1/ slave1:/hadoop/

scp -r /hadoop/hbase-1.3.1/ slave2:/hadoop/

3．修改三个节点的环境变量

在/etc/profile 文件末尾添加 export PATH=$PATH:/hadoop/zookeeper-3.4.5/bin: /hadoophbase-1.3.1-bin.tar.gz/bin，并执行命令 source /etc/profile 使配置的环境变量生效。

4．测试

在 master 节点运行 start-hbase.sh，将 HBase 集群启动，可以通过 jps 来查看运行状况。master 节点存在 HMaster 进程，如图 4-7 所示。

图 4-7　master 节点 jps 信息

slave1 和 slave2 存在 HRegionServer 进程，如图 4-8 和图 4-9 所示。

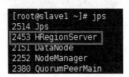

图 4-8   slave1 节点 jps 信息   图 4-9   slave2 节点 jps 信息

通过浏览器访问地址http://192.168.254.128:60010/master-status可以看到整个HBase集群的状态，如图 4-10 所示。

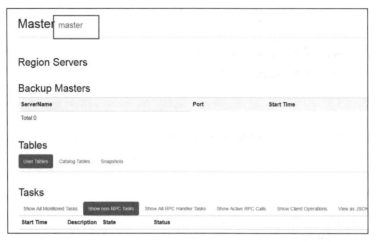

图 4-10   HBase master 节点 Web 信息

在 master 节点，使用命令 hbase-daemon.sh stop master，等待一会发现 slave1 成为 master，当 HBase 的 master 节点故障后，ZooKeeper 会从备份中自动推选一个作为 master，如图 4-11 所示。

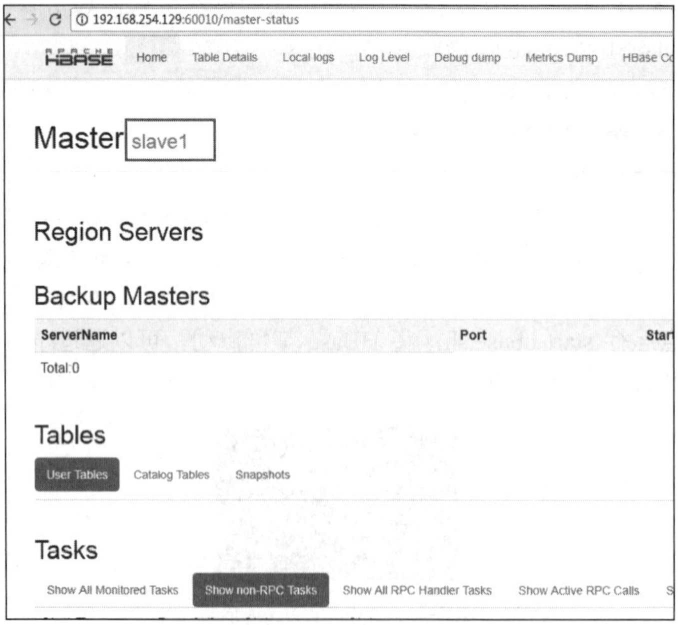

图 4-11   HBase slave 节点 Web 信息

4.3　本章小结

　　本章介绍了 HBase 的分布式模式安装，首先需要在集群上的部分节点安装 ZooKeeper，然后安装 1.3.1 版本的 HBase，最后将 HBase 集群运行起来，关闭 master 节点观测集群仍能正常运行，这是因为 ZooKeeper 会从 follower 节点中选择一个充当 leader，以确保整个 HBase 集群的正常运行。

第 5 章　HBase Shell

在实际应用中，需要经常通过 Shell 命令操作 HBase 数据库。HBase Shell 是 HBase 的命令行工具，通过 HBase Shell，用户不仅可以方便地创建、删除及修改表，还可以向表中添加数据、列出表中的相关信息等，本章将会介绍 HBase Shell 的使用以及如何迁移数据到 HBase。

5.1　HBase Shell 启动

在任意一个 HBase 节点运行命令 hbase shell，即可进入 HBase 的 Shell 命令行模式，如图 5-1 所示。HBase Shell 没法使用退格键删除文字，需要通过 Ctrl + Backspace 的方式进行删除，或者通过"文件"→"属性"→"终端"→"键盘"来设置 Xshell，将"Backspace 键序列"的值设置为 ASCII 127，如图 5-2 所示。

```
[root@master ~]# hbase shell
SLF4J: Class path contains multiple SLF4J bindings.
SLF4J: Found binding in [jar:file:/hadoop/hbase-1.3.1/lib/slf4j-log4j12-1.7.5.jar!/org/slf4j/
SLF4J: Found binding in [jar:file:/hadoop/hadoop-2.6.5/share/hadoop/common/lib/slf4j-log4j12-
SLF4J: See http://www.slf4j.org/codes.html#multiple_bindings for an explanation.
SLF4J: Actual binding is of type [org.slf4j.impl.Log4jLoggerFactory]
HBase Shell; enter 'help<RETURN>' for list of supported commands.
Type "exit<RETURN>" to leave the HBase Shell
Version 1.3.1, r930b9a55528fe45d8edce7af42fef2d35e77677a, Thu Apr  6 19:36:54 PDT 2017
```

图 5-1　HBase Shell 模式

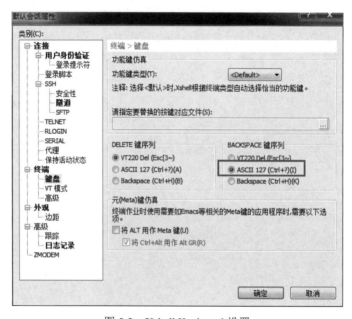

图 5-2　Xshell Keyboard 设置

HBase Shell 的每个命令的具体用法都可以直接输入查看，如输入 create，可以看到其用法，如图 5-3 所示。

```
hbase(main):004:0> create

ERROR: wrong number of arguments (0 for 1)

Here is some help for this command:
Creates a table. Pass a table name, and a set of column family
specifications (at least one), and, optionally, table configuration.
Column specification can be a simple string (name), or a dictionary
(dictionaries are described below in main help output), necessarily
including NAME attribute.
Examples:

  hbase> create 't1', {NAME => 'f1', VERSIONS => 5}
  hbase> create 't1', {NAME => 'f1'}, {NAME => 'f2'}, {NAME => 'f3'}
  hbase> # The above in shorthand would be the following:
  hbase> create 't1', 'f1', 'f2', 'f3'
  hbase> create 't1', {NAME => 'f1', VERSIONS => 1, TTL => 2592000, BLOCKCACHE => true}
  hbase> create 't1', {NAME => 'f1', CONFIGURATION => {'hbase.hstore.blockingStoreFiles' => '10'}}

Table configuration options can be put at the end.
Examples:

  hbase> create 't1', 'f1', SPLITS => ['10', '20', '30', '40']
  hbase> create 't1', 'f1', SPLITS_FILE => 'splits.txt', OWNER => 'johndoe'
  hbase> create 't1', {NAME => 'f1', VERSIONS => 5}, METADATA => { 'mykey' => 'myvalue' }
  hbase> # Optionally pre-split the table into NUMREGIONS, using
  hbase> # SPLITALGO ("HexStringSplit", "UniformSplit" or classname)
  hbase> create 't1', 'f1', {NUMREGIONS => 15, SPLITALGO => 'HexStringSplit'}
  hbase> create 't1', 'f1', {NUMREGIONS => 15, SPLITALGO => 'HexStringSplit', CONFIGURATION => {'hbase.hregion.scan.loadColumnFamiliesOnDemand'
=> 'true'}}
```

图 5-3　create 的用法

表 5-1 列出了 HBase Shell 基本命令操作。

表 5-1　HBase Shell 基本命令

操作	命令表达式	说明
创建表	create 'table_name, 'family1','family2','familyN'	创建表和列族
添加记录	put 'table_name', 'rowkey', 'family:column', 'value'	向列插入一条数据
查看记录	get 'table_name', 'rowkey'	查询单条记录，也是 HBase 最常用的命令
查看表中的记录总数	count 'table_name'	这个命令并不快，且目前没有找到更快的方式统计行数
删除记录	delete 'table_name' ,'rowkey','family_name:column' deleteall 'table_name','rowkey'	第一种方式删除一条记录单列的数据 第二种方式删除整条记录
删除一张表	disable 'table_name' drop 'table_name'	先停用，再删除表
查看所有记录	scan "table_name" ,{LIMIT=>10}	LIMIT≥10 表示只返回 10 条记录，否则将全部显示

5.2　表的管理

1. list 命令

查看 HBase 中有哪些表。语法格式：list <table>。

如图 5-4 所示，可以看到目前 HBase 中共有 3 个表。

2. create 命令

创建表。语法格式：create <table>, {NAME => <family>, VERSIONS => <VERSIONS>}或 create <table>, <family>。

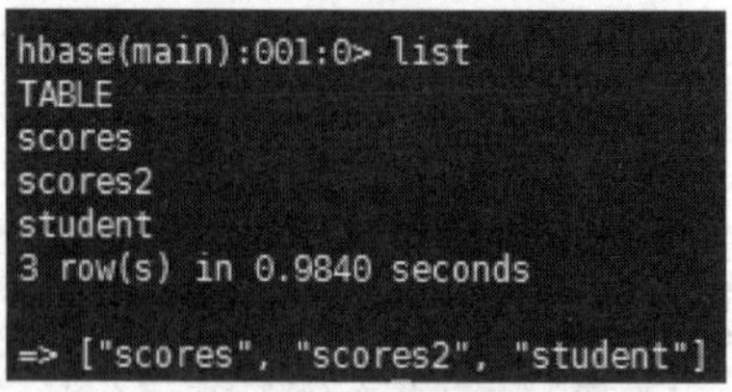

```
hbase(main):001:0> list
TABLE
scores
scores2
student
3 row(s) in 0.9840 seconds

=> ["scores", "scores2", "student"]
```

图 5-4　list 结果

例如：

create 'scores', 'course', 'grade'

create 'scores2', {NAME=>'course', VERSIONS=>'3'}, {NAME=>'grade', VERSIONS =>'3'}

注意：NAME 和 VERSIONS 必须大写。

例如：

create 'news', {NAME=>'info', VERSIONS=>3, BLOCKCACHE=> true, BLOOMFILTER =>'ROW', COMPRESSION=>'SNAPPY', TTL => '259200'},{SPLITS => ['1','2','3','4','5','6','7','8', '9','a','b','c','d','e','f']}

上述建表语句表示创建一个表名为 news 的表，该表只包含一个列族 info。接下来重点讲解其他字段的含义以及如何正确设置。

（1）VERSIONS。

数据版本数，HBase 数据模型允许一个 Cell 的数据为带有不同时间戳的多版本数据集，VERSIONS 参数指定了最多保存几个版本数据，默认为 1。假如某个用户想保存两个历史版本数据，可以将 VERSIONS 参数设置为 3，再使用如下 Scan 命令即可获取到所有历史数据：

scan 'news',{VERSIONS => 3}

（2）BLOOMFILTER。

布隆过滤器，优化 HBase 的随机读取性能，可选值为 NONE、ROW 和 ROWCOL，默认为 NONE，该参数可以单独对某个列族启用。启用过滤器，对于 Get 操作以及部分 Scan 操作可以剔除掉不会用到的存储文件，减少实际 I/O 次数，提高随机读性能。Row 类型适用于只根据 Row 进行查找，而 RowCol 类型适用于根据 Row 和 Col 联合查找。

Row 类型适用于：get 'news', 'row1'

RowCol 类型适用于：get 'news', 'row1', {COLUMN => 'info'}

对于有随机读的业务，建议开启 Row 类型的过滤器，使用空间换时间，提高随机读性能。

（3）COMPRESSION。

数据压缩方式，HBase 支持多种形式的数据压缩，一方面减少数据存储空间，另一方面降低数据网络传输量进而提升读取效率。目前 HBase 支持的压缩算法主要有三种：GZIP、LZO和 Snappy，表 5-2 分别从压缩率和编解码速率三个方面对其进行了对比。

表 5-2　HBase 支持的压缩算法对比

算法	压缩率	编码速率	解码速率
GZIP	13.4%	21MB/s	118MB/s
LZO	20.5%	135MB/s	410MB/s
Snappy	22.2%	172MB/s	409MB/s

通过表 5-2 可以看出，Snappy 的压缩率最高，且编码速率最高，目前一般建议使用 Snappy 进行数据压缩。

（4）TTL。

数据过期时间，单位为秒，默认为永久保存。对于很多业务来说，有时候并不需要永久保存某些数据，永久保存会导致数据量越来越大，消耗存储空间；另一方面还会导致查询效率降低。如果设置了过期时间，HBase 在 Compaction 时会通过一定机制检查数据是否过期，过期数据会被删除。用户可以根据具体业务场景设置为一个月或者三个月。示例中 TTL => '259200'设置数据过期时间为三天。

（5）IN_MEMORY。

数据是否常驻内存，默认为 false。HBase 为频繁访问的数据提供了一个缓存区域，缓存区域一般存储数据量小、访问频繁的数据，常见场景为元数据存储。默认情况下，该缓存区域大小等于 JVM Heapsize * 0.2 * 0.25，假如 JVM Heapsize = 70GB，存储区域的大小约等于 3.2GB。需要注意的是 HBase 元数据信息存储在这块区域，如果业务数据设置为 true 而且太大会导致 Meta 数据被置换出去，导致整个集群性能降低，所以在设置该参数时需要格外小心。

（6）BLOCKCACHE。

是否开启 BlockCache 缓存，默认开启。

（7）SPLITS。

HRegion 预分配策略。通过 HRegion 预分配，数据会被均衡分配到多台机器上，这样可以一定程度上解决热点应用数据量剧增导致系统自动 Split 引起的性能问题。HBase 数据是按照 Row Key 升序排列，为避免热点数据产生，一般采用 Hash + Partition 的方式预分配 HRegion，比如示例中 Row Key 首先使用 MD5 Hash，然后再按照首字母 Partition 为 16（15+1）份，就可以预分配 16 个 HRegion。

3．describe 命令

查看表结构。语法格式：describe <table>。

例如：

describe 'scores'

由于在创建 scores 表时没有指定版本数（VERSIONS），可以看到其默认值是 1，如图 5-5 所示。

```
=> Hbase::Table - scores2
hbase(main):003:0> describe 'scores'
DESCRIPTION                                                                                      ENABLED
 'scores', {NAME => 'course', ENCODE_ON_DISK => 'true', BLOOMFILTER => 'ROW', VERSIONS => '1', IN_MEMORY => 'false'  true
, KEEP_DELETED_CELLS => 'false', DATA_BLOCK_ENCODING => 'NONE', TTL => '2147483647', COMPRESSION => 'NONE', MIN_VE
RSIONS => '0', BLOCKCACHE => 'true', REPLICATION_SCOPE => '0'}, {NAME => 'grade', ENCODE_ON_
DISK => 'true', BLOOMFILTER => 'ROW', VERSIONS => '1', IN_MEMORY => 'false', KEEP_DELETED_CELLS => 'false', DATA_B
LOCK_ENCODING => 'NONE', TTL => '2147483047', COMPRESSION => 'NONE', MIN_VERSIONS => '0', BLOCKCACHE => 'true', BL
OCKSIZE => '65536', REPLICATION_SCOPE => '0'}
1 row(s) in 0.1150 seconds
```

图 5-5　describe 'scores'结果

而在创建'scores2'时明确指定其版本数，故其值是 3，如图 5-6 所示。

4．disable 命令

删除表。语法格式：disable <table>。

注意：删除表的时候需要先将其停用（drop），再执行删除操作。没有禁用 user 表，直接删除，报以下错误：

hbase(main):003:0> drop 'scores'

ERROR: Table scores is enabled. Disable it first.

Here is some help for this command:

Drop the named table. Table must first be disabled:

 hbase> drop 't1'

 hbase> drop 'ns1:t1'

```
hbase(main):004:0> describe 'scores2'
DESCRIPTION                                                                                          ENABLED
'scores2', {NAME => 'course', ENCODE_ON_DISK => 'true', BLOOMFILTER => 'ROW', VERSIONS => '3', IN_MEMORY => 'false  true
', KEEP_DELETED_CELLS => 'false', DATA_BLOCK_ENCODING => 'NONE', TTL => '2147483647', COMPRESSION => 'NONE', MIN_V
ERSIONS => '0', BLOCKCACHE => 'true', BLOCKSIZE => '65536', REPLICATION_SCOPE => '0'}, {NAME => 'grade', ENCODE_ON
_DISK => 'true', BLOOMFILTER => 'ROW', VERSIONS => '3', IN_MEMORY => 'false', KEEP_DELETED_CELLS => 'false', DATA_
BLOCK_ENCODING => 'NONE', TTL => '2147483647', COMPRESSION => 'NONE', MIN_VERSIONS => '0', BLOCKCACHE => 'true', B
LOCKSIZE => '65536', REPLICATION_SCOPE => '0'}
1 row(s) in 0.0890 seconds
```

图 5-6 describe 'scores2'结果

正确删除方法如下：

（1）禁用表。

 hbase(main):004:0> disable 'user'

 0 row(s) in 1.1590 seconds

（2）删除表。

 hbase(main):005:0> drop 'user'

 0 row(s) in 1.0680 seconds

5. exists

查看一个表是否存在。语法格式：exists <table>。

例如，查看 user 表是否存在：

 hbase(main):006:0> exists 'user'

 Table user does not exist

 0 row(s) in 0.0220 seconds

例如，查看 scores 表是否存在：

 hbase(main):007:0> exists 'scores'

 Table scores does exist

 0 row(s) in 0.0650 seconds

6. is_enabled

判断表是否 enable。语法格式：enable <table>。

 hbase(main):008:0> is_enabled 'scores'

 true

 0 row(s) in 0.0160 seconds

7. is_disabled

判断表是否 disable。语法格式：disable <table>。

 hbase(main):009:0> is_disabled 'scores'

 false

 0 row(s) in 0.0220 seconds

8. alter 命令

修改表结构。语法格式：alter <table>, {NAME => <family>}, {NAME => <family>, METHOD => 'delete'}。

例如，向 scores 表添加一列族 address，同时指定版本数为 3：

    alter 'scores', NAME=>'address', VERSIONS=>3

例如，将 scores 表中的 grade 列族删掉：

    alter 'scores', NAME=>'grade', METHOD=>'delete'

注意：在进行更改表结构之前需要先将该表停用，操作执行完毕后再启动。例如：

    disable 'scores'
    alter 操作
    enable 'scores'

9. 删除列族

删除列族需要先禁用表，否则会报以下错误：

hbase(main):010:0> alter 'scores',NAME=>'member_id',METHOD=>'delete'

ERROR: org.apache.hadoop.hbase.TableNotDisabledException: org.apache.hadoop.hbase.

TableNotDisabledException: member

    at org.apache.hadoop.hbase.master.HMaster.checkTableModifiable(HMaster.java:1525)

    at org.apache.hadoop.hbase.master.handler.TableEventHandler.<init>
    (TableEventHandler.java:72)

    at org.apache.hadoop.hbase.master.handler.TableDeleteFamilyHandler.<init>
    (TableDeleteFamilyHandler.java:41)

    at org.apache.hadoop.hbase.master.HMaster.deleteColumn(HMaster.java:1430)

    at sun.reflect.NativeMethodAccessorImpl.invoke0(Native Method)

    at sun.reflect.NativeMethodAccessorImpl.invoke(NativeMethodAccessorImpl.java:39)

    at sun.reflect.DelegatingMethodAccessorImpl.invoke
    (DelegatingMethodAccessorImpl.java:25)

    at java.lang.reflect.Method.invoke(Method.java:597)

    at org.apache.hadoop.hbase.ipc.WritableRpcEngine$Server.call
    (WritableRpcEngine.java:323)

    at org.apache.hadoop.hbase.ipc.HBaseServer$Handler.run(HBaseServer.java:1426)

列族的正确方法如下：

（1）禁用表。

    hbase(main):007:0> disable 'scores'
    0 row(s) in 1.1690 seconds

（2）删除列族（注意 NAME 和 METHOD 要大写）。

    hbase(main):008:0> alter 'scores', NAME=>'course', METHOD=>'delete'
    Updating all regions with the new schema...
    1/1 regions updated.
    Done.
    0 row(s) in 1.1580 seconds

（3）删除列族之后再启用表。

hbase(main):009:0> enable 'scores'

0 row(s) in 1.1260 seconds

（4）再次查看表信息，便可以发现 course 已经被删除。

hbase(main):010:0>describe 'scores'

Table scores is ENABLED

scores

COLUMN FAMILIES DESCRIPTION

{NAME => 'grade', BLOOMFILTER => 'ROW', VERSIONS => '1', IN_MEMORY => 'false', KEEP_ DELE

TED_CELLS => 'false', DATA_BLOCK_ENCODING => 'NONE', TTL => 'FOREVER',

COMPRESSION => 'N

ONE', MIN_VERSIONS => '0', BLOCKCACHE => 'true', BLOCKSIZE => '65536',

REPLICATION_SCOPE

 => '0', METADATA => {'ENCODE_ON_DISK' => 'true'}}

1 row(s) in 0.0600 seconds

10. whoami

查看当前访问 HBase 的用户。

hbase(main):004:0> whoami

root (auth:SIMPLE)

    groups: root

11. version

查看当前 HBase 的版本信息。

hbase(main):005:0> version

1.3.1, r930b9a55528fe45d8edce7af42fef2d35e77677a, Thu Apr   6 19:36:54 PDT 2017

12. status

查看当前 HBase 的状态。

hbase(main):006:0> status

1 active master, 0 backup masters, 2 servers, 0 dead, 2.5000 average load

也可以通过增加参数查看，status 'simple'查看简单的信息，如图 5-7 所示；status 'summary'
查看概要信息，如图 5-8 所示；status 'detailed'查看详细信息，如图 5-9 所示。

```
hbase(main):007:0> status 'simple'
active master: master:16000 1517020749520
0 backup masters
2 live servers
    slave1:16020 1517020747257
        requestsPerSecond=0.0, numberOfOnlineRegions=3, usedHeapMB=19, maxHeapMB=451, nu
mberOfStores=3, numberOfStorefiles=2, storefileUncompressedSizeMB=0, storefileSizeMB=0,
memstoreSizeMB=0, storefileIndexSizeMB=0, readRequestsCount=4, writeRequestsCount=0, roo
tIndexSizeKB=0, totalStaticIndexSizeKB=0, totalStaticBloomSizeKB=0, totalCompactingKVs=0
, currentCompactedKVs=0, compactionProgressPct=NaN, coprocessors=[]
    slave2:16020 1517020744286
        requestsPerSecond=0.0, numberOfOnlineRegions=2, usedHeapMB=16, maxHeapMB=239, nu
mberOfStores=3, numberOfStorefiles=2, storefileUncompressedSizeMB=0, storefileSizeMB=0,
memstoreSizeMB=0, storefileIndexSizeMB=0, readRequestsCount=96, writeRequestsCount=6, ro
otIndexSizeKB=0, totalStaticIndexSizeKB=0, totalStaticBloomSizeKB=0, totalCompactingKVs=
34, currentCompactedKVs=34, compactionProgressPct=1.0, coprocessors=[MultiRowMutationEnd
point]
0 dead servers
Aggregate load: 0, regions: 5
```

图 5-7   status 'simple'显示内容

```
hbase(main):008:0> status 'summary'
1 active master, 0 backup masters, 2 servers, 0 dead, 2.5000 average load
```

图 5-8　status 'summary'显示内容

```
hbase(main):010:0> status 'detailed'
version 1.4.0
0 regionsInTransition
active master: master:16000 1517020749520
0 backup masters
master coprocessors: null
2 live servers
    slave1:16020 1517020747257
        requestsPerSecond=0.0, numberOfOnlineRegions=3, usedHeapMB=19, maxHeapMB=451, numberOfStores=3, numberOfStorefiles=
2, storefileUncompressedSizeMB=0, storefileSizeMB=0, memstoreSizeMB=0, storefileIndexSizeMB=0, readRequestsCount=4, writeRe
questsCount=0, rootIndexSizeKB=0, totalStaticIndexSizeKB=0, totalStaticBloomSizeKB=0, totalCompactingKVs=0, currentCompacte
dKVs=0, compactionProgressPct=NaN, coprocessors=[]
        "hbase:namespace,,1503804499479.dd7969f07432b446c9a376e716a72c42."
            numberOfStores=1, numberOfStorefiles=1, storefileUncompressedSizeMB=0, lastMajorCompactionTimestamp=0, storefil
eSizeMB=0, memstoreSizeMB=0, storefileIndexSizeMB=0, readRequestsCount=4, writeRequestsCount=0, rootIndexSizeKB=0, totalSta
ticIndexSizeKB=0, totalStaticBloomSizeKB=0, totalCompactingKVs=0, currentCompactedKVs=0, compactionProgressPct=NaN, complet
eSequenceId=-1, dataLocality=1.0
        "scores,,1504145859456.0cf8829d1e13c6f5b40f33c03c2eaafb."
            numberOfStores=1, numberOfStorefiles=1, storefileUncompressedSizeMB=0, lastMajorCompactionTimestamp=0, storefil
eSizeMB=0, memstoreSizeMB=0, storefileIndexSizeMB=0, readRequestsCount=0, writeRequestsCount=0, rootIndexSizeKB=0, totalSta
ticIndexSizeKB=0, totalStaticBloomSizeKB=0, totalCompactingKVs=0, currentCompactedKVs=0, compactionProgressPct=NaN, complet
eSequenceId=-1, dataLocality=0.0
        "student,,1503804519565.9e4aab31323768dfaaabd8b14dbfc6db."
            numberOfStores=1, numberOfStorefiles=1, storefileUncompressedSizeMB=0, lastMajorCompactionTimestamp=0, storefil
eSizeMB=0, memstoreSizeMB=0, storefileIndexSizeMB=0, readRequestsCount=0, writeRequestsCount=0, rootIndexSizeKB=0, totalSta
ticIndexSizeKB=0, totalStaticBloomSizeKB=0, totalCompactingKVs=0, currentCompactedKVs=0, compactionProgressPct=NaN, complet
eSequenceId=-1, dataLocality=1.0
    slave2:16020 1517020744286
        requestsPerSecond=0.0, numberOfOnlineRegions=2, usedHeapMB=16, maxHeapMB=239, numberOfStores=3, numberOfStorefiles=
1, storefileUncompressedSizeMB=0, storefileSizeMB=0, memstoreSizeMB=0, storefileIndexSizeMB=0, readRequestsCount=100, write
RequestsCount=6, rootIndexSizeKB=0, totalStaticIndexSizeKB=0, totalStaticBloomSizeKB=0, totalCompactingKVs=46, currentCompa
ctedKVs=46, compactionProgressPct=1.0, coprocessors=[MultiRowMutationEndpoint]
        "hbase:meta,,1"
            numberOfStores=1, numberOfStorefiles=1, storefileUncompressedSizeMB=0, lastMajorCompactionTimestamp=15170227413
25, storefileSizeMB=0, memstoreSizeMB=0, storefileIndexSizeMB=0, readRequestsCount=100, writeRequestsCount=6, rootIndexSize
KB=0, totalStaticBloomSizeKB=0, totalCompactingKVs=46, currentCompactedKVs=46, compactionProgress
Pct=1.0, completeSequenceId=35, dataLocality=1.0
        "scores2,,1504145861968.bb1d732abe14877a834b25f59167325f."
            numberOfStores=1, numberOfStorefiles=0, storefileUncompressedSizeMB=0, lastMajorCompactionTimestamp=0, storefil
eSizeMB=0, memstoreSizeMB=0, storefileIndexSizeMB=0, readRequestsCount=0, writeRequestsCount=0, rootIndexSizeKB=0, totalSta
ticIndexSizeKB=0, totalStaticBloomSizeKB=0, totalCompactingKVs=0, currentCompactedKVs=0, compactionProgressPct=NaN, complet
eSequenceId=-1, dataLocality=0.0
0 dead servers
```

图 5-9　status 'detailed'显示内容

13. 权限管理

（1）分配权限。

分配的权限有 R（读）、W（写）、X（执行）、C（创造）、A（管理员），语法格式如下：

```
grant <user>, <permissions>, <table>, <column family>, <column qualifier>
```

HBase 的权限管理依赖协处理器，需要配置 hbase.security.authorization=true、hbase.coprocessor.master.classes 和 hbase.coprocessor.master.classes 使其包含 org.apache.hadoop. hbase.security. access.AccessController 来提供安全管控能力，所以需要设置下面的参数：

```
<property>
    <name>hbase.superuser</name>
    <value>hbase</value>
</property>
<property>
    <name>hbase.coprocessor.region.classes</name>
    <value>org.apache.hadoop.hbase.security.access.AccessController</value>
</property>
<property>
    <name>hbase.coprocessor.master.classes</name>
    <value>org.apache.hadoop.hbase.security.access.AccessController</value>
```

```
        </property>
        <property>
            <name>hbase.rpc.engine</name>
            <value>org.apache.hadoop.hbase.ipc.SecureRpcEngine</value>
        </property>
        <property>
            <name>hbase.security.authorization</name>
            <value>true</value>
        </property>
```

例如，给用户 test 分配对表 scores 有读写的权限（需要在 Linux 下设置该用户并以该用户进入 HBase Shell）：

```
hbase(main):001:0> grant 'test', 'RW', 'scores'
0 row(s) in 0.4280 seconds
```

（2）查看权限。

语法格式：user_permission <table>。

例如，查看表 scores 的权限列表：

```
hbase(main):002:0 > user_permission 't1'
User Table,Family,Qualifier:Permission
test scores,,: [Permission: actions=READ,WRITE]
```

（3）收回权限。

与分配权限类似，语法格式：revoke <user> <table> <column family> <column qualifier>。

例如，收回 test 用户在表 scores 上的权限：

```
hbase(main):002:0 > revoke 'test','scores'
0 row(s) in 0.1640 seconds
```

5.3 表数据的增删改查

1．put 命令

向表中插入数据。语法格式：put <table>, <rowKey>, <family:column>, <value>, <timestamp>。

例如，向表 scores3 中插入数据，rk001 是行键，course 是列族，soft 是列名，值是 database：

```
hbase(main):004:0> put 'scores3', 'rk001', 'course:soft', 'database'
0 row(s) in 0.5190 seconds
```

（1）put 更新记录。

例如，将上一条操作的数据更新为 english：

```
hbase(main):005:0> put 'scores3', 'rk001', 'course:soft', 'english'
0 row(s) in 0.0640 seconds
```

（2）批量添加数据。

编写一个文本文件 1.txt，内容如下：

```
put 'scores3', 'rk002', 'course:soft', 'database'
put 'scores3', 'rk002', 'course:jg', 'math'
put 'scores3', 'rk003', 'course:soft', 'c'
put 'scores3', 'rk004', 'course:soft', 'java'
```

在 Linux 端执行命令 hbase shell 1.txt，执行结果如图 5-10 所示。

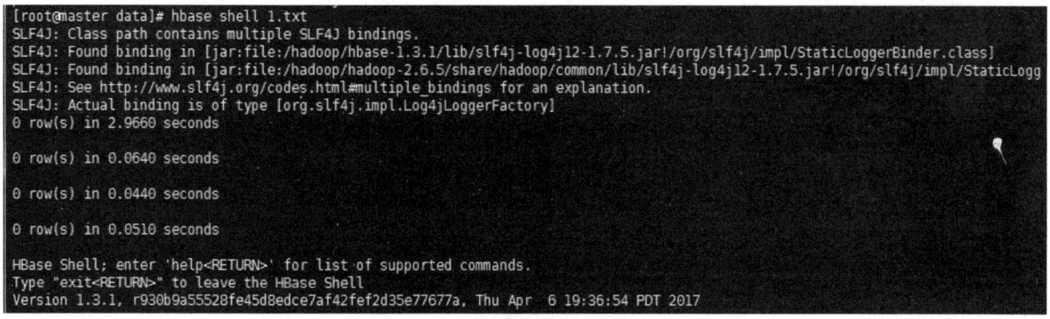

```
[root@master data]# hbase shell 1.txt
SLF4J: Class path contains multiple SLF4J bindings.
SLF4J: Found binding in [jar:file:/hadoop/hbase-1.3.1/lib/slf4j-log4j12-1.7.5.jar!/org/slf4j/impl/StaticLoggerBinder.class]
SLF4J: Found binding in [jar:file:/hadoop/hadoop-2.6.5/share/hadoop/common/lib/slf4j-log4j12-1.7.5.jar!/org/slf4j/impl/StaticLogg
SLF4J: See http://www.slf4j.org/codes.html#multiple_bindings for an explanation.
SLF4J: Actual binding is of type [org.slf4j.impl.Log4jLoggerFactory]
0 row(s) in 2.9660 seconds

0 row(s) in 0.0640 seconds

0 row(s) in 0.0440 seconds

0 row(s) in 0.0510 seconds

HBase Shell; enter 'help<RETURN>' for list of supported commands.
Type "exit<RETURN>" to leave the HBase Shell
Version 1.3.1, r930b9a55528fe45d8edce7af42fef2d35e77677a, Thu Apr  6 19:36:54 PDT 2017
```

图 5-10　批量导入数据

2. get 命令

查询数据。语法格式：get <table>,<rowKey>,[<family:column>,....]。

例如，查询 scores3 中 rk001 行 course:soft 列的值：

```
hbase(main):007:0> get 'scores3', 'rk001', 'course:soft'
COLUMN                          CELL
course:soft                     timestamp=1517021245776, value=english
```

例如，查询 scores3 中 rk001 行 course 列族的值：

```
hbase(main):011:0> get 'scores3', 'rk001', 'course'
COLUMN                          CELL
 course:soft                    timestamp=1517021245776, value=english
1 row(s) in 0.0470 seconds
```

例如，查询 scores3 中 rk001 行的值：

```
hbase(main):010:0> get 'scores3', 'rk001'
COLUMN                          CELL
 course:soft                    timestamp=1517021245776, value=english
 grade:test                     timestamp=1517021572040, value=80
1 row(s) in 0.0260 seconds
```

例如，查询 scores4 中 rk001 行 course 列族的值，版本数为 3：

```
hbase(main):004:0> get 'scores4', 'rk001',{COLUMN=>'course',VERSIONS=>3}
COLUMN                          CELL
course:soft                     timestamp=1517022054293, value=java
course:soft                     timestamp=1517022047798, value=c
1 row(s) in 0.1520 seconds
```

这种方式能够得到之前保存的历史数据。

例如，查询 scores4 中 rk001 行 course 列族的值，版本数为 3，且时间戳 1517022047098～1517022054593 之间的值。

```
hbase(main):005:0> get 'scores4', 'rk001', {COLUMN => 'course:soft', TIMERANGE =>
[1517022047098, 1517022054593], VERSIONS => 3}
COLUMN                          CELL
 course:soft                    timestamp=1517022054293, value=java
 course:soft                    timestamp=1517022047798, value=c
1 row(s) in 0.0590 seconds
```

下面是高级用法。

（1）ValueFilter。

ValueFilter 表示的是对值进行过滤。

例如，查找 scores3 中 rk001 行中值是 database 的数据：

```
hbase(main):006:0> get 'scores3', 'rk001', {FILTER => "ValueFilter(=, 'binary:database')"}
COLUMN                       CELL
 course:soft                 timestamp=1517021159394, value=database
 1 row(s) in 0.3080 seconds
```

例如，查找 scores3 中 rk001 行中值含有 a 的数据：

```
hbase(main):007:0> get 'scores3', 'rk001', {FILTER => "ValueFilter(=, 'substring:a')"}
COLUMN                       CELL
 course:soft                 timestamp=1517021159394, value=database
 1 row(s) in 0.0770 seconds
```

（2）QualifierFilter。

QualifierFilter 表示的是对列进行过滤。

例如，查找 scores3 中 rk001 行中列名是 db 的数据：

```
hbase(main):008:0> get 'scores3', 'rk001', {FILTER => "QualifierFilter(=, 'binary:db')"}
COLUMN                       CELL
 0 row(s) in 0.0740 seconds
```

例如，查找 scores3 中 rk001 行中列名中含有 db 的数据：

```
hbase(main):011:0> get 'scores3', 'rk001', {FILTER => "QualifierFilter(=, 'substring:db')"}
COLUMN                       CELL
 0 row(s) in 0.0580 seconds
```

3．scan 命令

扫描表。语法格式：scan <table>, {COLUMNS => [<family:column>,....], LIMIT => num}。另外，还可以添加 STARTROW、TIMERANGE 和 FILTER 等高级功能。

例如，扫描整个表：

```
hbase(main):015:0> scan 'scores3'
ROW                    COLUMN+CELL
 rk001                 column=course:soft, timestamp=1517021245776, value=english
 rk001                 column=grade:test, timestamp=1517021572040, value=80
 rk002                 column=course:jg, timestamp=1517021847262, value=math
 rk002                 column=course:soft, timestamp=1517021846552, value=database
 rk003                 column=course:soft, timestamp=1517021847334, value=c
 rk004                 column=course:soft, timestamp=1517021847427, value=java
 4 row(s) in 0.1470 seconds
```

例如，扫描整个表列族为 course 的数据：

```
hbase(main):016:0> scan 'scores3', {COLUMNS=>'course'}
ROW                         COLUMN+CELL
 rk001                      column=course:soft, timestamp=1517021245776, value=english
 rk002                      column=course:jg, timestamp=1517021847262, value=math
 rk002                      column=course:soft, timestamp=1517021846552, value=database
 rk003                      column=course:soft, timestamp=1517021847334, value=c
 rk004                      column=course:soft, timestamp=1517021847427, value=java
 4 row(s) in 0.1920 seconds
```

例如，扫描整个 scores3 表列族为 course 的数据，同时设置扫描的开始和结束行键：

```
hbase(main):002:0>  scan 'scores3',  {COLUMNS=>'course',  STARTROW=>'rk001',  ENDROW=>
'rk003'}
ROW                              COLUMN+CELL
 rk001                           column=course:soft, timestamp=1517021245776, value=english
 rk002                           column=course:jg, timestamp=1517021847262, value=math
 rk002                           column=course:soft, timestamp=1517021846552, value=database
2 row(s) in 0.0610 seconds
```

例如，扫描整个 scores4 表列族为 course 的数据，同时设置版本为 3：

```
hbase(main):003:0> scan 'scores4', {COLUMNS=>'course', VERSIONS=>3}
ROW                              COLUMN+CELL
 rk001                           column=course:soft, timestamp=1517022054293, value=java
 rk001                           column=course:soft, timestamp=1517022047798, value=c
1 row(s) in 0.2290 seconds
```

4. delete 命令

删除数据。语法格式：delete \<table>, \<rowKey>, \<family:column> , \<timestamp>。

（1）删除行中的某个列值。

语法格式：delete \<table>, \<rowKey>, \<family:column> , \<timestamp>，必须指定列名。

例如，删除 scores3 中 rk001 行中 course:soft 列的数据：

```
hbase(main):004:0> delete 'scores3', 'rk001', 'course:soft'
0 row(s) in 0.0300 seconds
```

注意：将删除 rk001 行 f1:col1 列所有版本的数据。

（2）删除行。

可以不指定列名，删除整行数据。

例如，删除表 scores3 的 rk002 行的数据：

```
hbase(main):005:0> delete 'scores3', 'rk002'
0 row(s) in 0.0780 seconds
```

5. deleteall 命令

删除行。语法格式：deleteall \<table>, \<rowKey>, \<family:column> , \<timestamp>。

例如，删除表 scores3 的 rk001 行的所有数据：

```
hbase(main):011:0> deleteall 'scores3', 'rk001'
0 row(s) in 0.0270 seconds
```

6. count 命令

查询表中总共有多少行数据。语法格式：count \<table>。

例如，统计表 scores3 中的所有数据：

```
hbase(main):012:0> count 'scores3'
2 row(s) in 0.1040 seconds
=> 2
```

7. truncate 命令

清空表。语法格式：truncate \<table>。

例如，清空 scores3 表：

```
hbase(main):013:0> truncate 'scores3'
Truncating 'scores3' table (it may take a while):
 - Disabling table...
 - Truncating table...
0 row(s) in 8.5820 seconds
```

5.4 HBase 数据迁移的 importtsv 的使用

HBase 数据来源于日志文件或者 RDBMS，把数据迁移到 HBase 表中，常见的方法有三种：使用 HBase Put API、使用 HBase 批量加载工具、自定义 MapReduce 实现。

importtsv 是 HBase 官方提供的基于 MapReduce 的批量数据导入工具，同时也是 HBase 提供的一个命令行工具，可以将存储在 HDFS 上的自定义分隔符（默认是\t）的数据文件通过一条命令方便地导入到 HBase 中。

（1）准备数据文件。

```
[root@master data]# cat 1.tsv
10001      zhangsan    16
10002      lisi        18
10003      wangwu      19
10004      zhaoliu     20
```

（2）把数据文件上传到 HDFS 上。

```
[root@master data]# hdfs dfs -mkdir -p /hbase/data1
[root@master data]# hdfs dfs -put 1.tsv /hbase/data1
```

（3）在 HBase 中创建表。

```
hbase(main):002:0> create 'student2','info'
0 row(s) in 4.3850 seconds
=> Hbase::Table - student2
```

（4）将 HDFS 中的数据导入到 HBase 表中。

```
[root@master lib]# yarn jar /hadoop/hbase-1.3.1/lib/hbase-server-1.3.1.jar importtsv  -Dimporttsv.
separator=\t -Dimporttsv.columns=HBASE_ROW_KEY,info:name,info:age   student2  /hbase/data1/1.tsv
```

Dimporttsv.columns 为指定分隔符，Dimporttsv.columns 指定数据文件中每一列如何对应表中的 rowkey 和列。

此时程序会报如图 5-11 所示的错误。

```
[root@master lib]# yarn jar /hadoop/hbase-1.4.0/lib/hbase-server-1.4.0.jar importtsv  -Dimporttsv
columns=HBASE_ROW_KEY,info:name,info:age  student2  /hbase/data1/tb1.tsv
Exception in thread "main" java.lang.NoClassDefFoundError: org/apache/hadoop/hbase/filter/Filter
        at java.lang.Class.getDeclaredMethods0(Native Method)
        at java.lang.Class.privateGetDeclaredMethods(Class.java:2701)
        at java.lang.Class.privateGetMethodRecursive(Class.java:3048)
        at java.lang.Class.getMethod0(Class.java:3018)
        at java.lang.Class.getMethod(Class.java:1784)
        at org.apache.hadoop.util.ProgramDriver$ProgramDescription.<init>(ProgramDriver.java:59)
        at org.apache.hadoop.util.ProgramDriver.addClass(ProgramDriver.java:103)
        at org.apache.hadoop.hbase.mapreduce.Driver.main(Driver.java:42)
        at sun.reflect.NativeMethodAccessorImpl.invoke0(Native Method)
        at sun.reflect.NativeMethodAccessorImpl.invoke(NativeMethodAccessorImpl.java:62)
        at sun.reflect.DelegatingMethodAccessorImpl.invoke(DelegatingMethodAccessorImpl.java:43)
        at java.lang.reflect.Method.invoke(Method.java:498)
        at org.apache.hadoop.util.RunJar.run(RunJar.java:221)
        at org.apache.hadoop.util.RunJar.main(RunJar.java:136)
Caused by: java.lang.ClassNotFoundException: org.apache.hadoop.hbase.filter.Filter
        at java.net.URLClassLoader.findClass(URLClassLoader.java:381)
        at java.lang.ClassLoader.loadClass(ClassLoader.java:424)
        at java.lang.ClassLoader.loadClass(ClassLoader.java:357)
        ... 14 more
```

图 5-11   程序错误提示

出错的原因是 Hadoop 运行 HBase 找不到依赖 JAR 包所在的位置，可以在 hadoop-env.sh 的 HADOOP_CLASSPATH 中增加 HBase lib 库所在的目录，然后重启整个集群，也可以通过在 Linux 命令中设置：

```
export HBASE_CLASSPATH='hbase classpath'
export HADOOP_CLASSPATH='hadoop classpath'
export HADOOP_CLASSPATH=$HADOOP_CLASSPATH:$HBASE_CLASSPATH
```

如图 5-12 可以看出，程序其实是通过 MapReduce 执行数据的导入。

```
onTimeout=90000 watcher=org.apache.hadoop.hbase.zookeeper.PendingWatcher@1a15b789
18/02/24 10:27:32 INFO zookeeper.ClientCnxn: Opening socket connection to server slave1/192.168.254.129:2181. Will not attempt t
authenticate using SASL (unknown error)
18/02/24 10:27:32 INFO zookeeper.ClientCnxn: Socket connection established to slave1/192.168.254.129:2181, initiating session
18/02/24 10:27:32 INFO zookeeper.ClientCnxn: Session establishment complete on server slave1/192.168.254.129:2181, sessionid = 0
161c598d27c0003, negotiated timeout = 40000
18/02/24 10:27:35 INFO Configuration.deprecation: io.bytes.per.checksum is deprecated. Instead, use dfs.bytes-per-checksum
18/02/24 10:27:35 INFO client.ConnectionManager$HConnectionImplementation: Closing zookeeper sessionid=0x161c598d27c0003
18/02/24 10:27:35 INFO zookeeper.ZooKeeper: Session: 0x161c598d27c0003 closed
18/02/24 10:27:35 INFO zookeeper.ClientCnxn: EventThread shut down
18/02/24 10:27:35 INFO client.RMProxy: Connecting to ResourceManager at master/192.168.254.128:18040
18/02/24 10:27:36 INFO Configuration.deprecation: io.bytes.per.checksum is deprecated. Instead, use dfs.bytes-per-checksum
18/02/24 10:28:07 INFO input.FileInputFormat: Total input paths to process : 1
18/02/24 10:28:08 INFO mapreduce.JobSubmitter: number of splits:1
18/02/24 10:28:08 INFO Configuration.deprecation: io.bytes.per.checksum is deprecated. Instead, use dfs.bytes-per-checksum
18/02/24 10:28:09 INFO mapreduce.JobSubmitter: Submitting tokens for job: job_1519438444092_0003
18/02/24 10:28:10 INFO impl.YarnClientImpl: Submitted application application_1519438444092_0003
18/02/24 10:28:10 INFO mapreduce.Job: The url to track the job: http://master:18088/proxy/application_1519438444092_0003/
18/02/24 10:28:10 INFO mapreduce.Job: Running job: job_1519438444092_0003
18/02/24 10:28:43 INFO mapreduce.Job: Job job_1519438444092_0003 running in uber mode : false
18/02/24 10:28:43 INFO mapreduce.Job:  map 0% reduce 0%
```

图 5-12　执行信息显示

（5）查看执行结果。

```
hbase(main):010:0> scan 'student2'
ROW                      COLUMN+CELL
 10001                   column=info:age, timestamp=1480123167099, value=20
 10001                   column=info:name, timestamp=1480123167099, value=zhangsan
 10002                   column=info:age, timestamp=1480123167099, value=22
 10002                   column=info:name, timestamp=1480123167099, value=lisi
2 row(s) in 0.8210 seconds
```

5.5　本章小结

通过 HBase Shell 的 create、put、get、delete、scan、disable 和 drop 等命令，能够实现 HBase 表数据的增删改查操作。如果想要保存历史数据，必须在建表的同时指定版本数。可以通过使用过滤器来查找指定内容。在本章最后，通过一个实例完成了将数据通过 importtsv 快速导入到 HBase 表中。

第 6 章　HBase 程序开发

HBase 提供了丰富的 Java API 接口供用户使用，可以通过 HBase Java API 完成和 HBase Shell 相同的功能。本章不仅介绍如何通过 Java API 完成表的相关操作，还会讲解相关高级用法，如过滤器、计数器、协处理器的使用，NameSpace 的开发和快照的创建等。

6.1　表的相关操作

1. API 介绍

HBase Java API 核心类主要由 HBaseConfiguration、HBaseAdmin、HTable 和数据操作类组成，表 6-1 显示了 HBase Java 类与 HBase 数据模型之间的对应关系。

表 6-1　HBase Java API

HBase Java 类	HBase 数据模型
HBaseAdmin	数据库（DataBase）
HBaseConfiguration	
HTable	表（Table）
HTableDescriptor	列族（Column Family）
Put	列标识符（Column Qualifier）
Get	
Scanner	

2. HBaseConfiguration

HBaseConfiguration 位于 org.apache.hadoop.hbase.HbaseConfiguration，完成对 HBase 的配置，主要设置一些关键属性，常用函数如表 6-2 所示。

表 6-2　HBaseConfiguration 类介绍

返回值	函数	说明
void	addResource(Path file)	通过给定路径所指的文件来添加资源
void	clear()	清空所有已设置的属性
string	get(String name)	获取属性名对应的值
string	getBoolean(String name, boolean defaultValue)	获取为 boolean 类型的属性值，如果其属性值类型不为 boolean，则返回默认属性值
void	set(String name, String value)	通过属性名来设置值
void	setBoolean(String name, boolean value)	设置 boolean 类型的属性值

用法示例：

```
HBaseConfiguration config = new HBaseConfiguration();
config.set("hbase.zookeeper.property.clientPort","2181");
```

该方法设置了 hbase.zookeeper.property.clientPort 的端口号为 2181。一般情况下，HBaseConfiguration 会使用构造函数进行初始化，然后再使用其他方法。

3. HBaseAdmin

HBaseAdmin 位于 org.apache.hadoop.hbase.client.HbaseAdmin，提供了一个接口来管理 HBase 数据库的表信息。HBaseAdmin 提供的方法如表 6-3 所示，包括创建表、删除表、列出表项、使表有效或无效，以及添加或删除表列族成员等。

表 6-3　HBaseAdmin 类介绍

返回值	函数	说明
void	addColumn(String tableName, HColumnDescriptor column)	向一个已经存在的表添加列
void	checkHBaseAvailable(HBaseConfiguration conf)	静态函数，查看 HBase 是否处于运行状态
void	createTable(HTableDescriptor desc)	创建一个表，同步操作
void	deleteTable(byte[] tableName)	删除一个已经存在的表
void	enableTable(byte[] tableName)	使表处于有效状态
void	disableTable(byte[] tableName)	使表处于无效状态
HTableDescriptor[]	listTables()	列出所有用户表
void	modifyTable(byte[] tableName, HTableDescriptor htd)	修改表的模式，是异步的操作，可能需要花费一定的时间
boolean	tableExists(String tableName)	检查表是否存在

用法示例：

```
HBaseAdmin admin = new HBaseAdmin(config);
admin.disableTable("tablename")
```

4. HTableDescriptor

HTableDescriptor 位于 org.apache.hadoop.hbase.HtableDescriptor，包含了表的名字及其对应表的列族，常用函数如表 6-4 所示。

表 6-4　HTableDescriptor 类介绍

返回值	函数	说明
void	addFamily(HColumnDescriptor)	添加一个列族
HColumnDescriptor	removeFamily(byte[] column)	移除一个列族
byte[]	getName()	获取表的名字
byte[]	getValue(byte[] key)	获取属性的值
void	setValue(String key, String value)	设置属性的值

用法示例：

```
HTableDescriptor htd = new HTableDescriptor(table);
htd.addFamily(new HcolumnDescriptor("family"));
```

在上述例子中，通过一个 HColumnDescriptor 实例为 HTableDescriptor 添加了一个 family 列族。

5．HColumnDescriptor

HColumnDescriptor 类位于 org.apache.hadoop.hbase.HcolumnDescriptor，维护着关于列族的信息，例如版本号、压缩设置等，它通常在创建表或者为表添加列族的时候使用。列族被创建后不能直接修改，只能通过删除然后重新创建的方式修放；列族被删除的时候，列族里面的数据也会同时被删除。常用函数如表 6-5 所示。

表 6-5　HColumnDescriptor 类介绍

返回值	函数	说明
byte[]	getName()	获取列族的名字
byte[]	getValue(byte[] key)	获取对应属性的值
void	setValue(String key, String value)	设置对应属性的值

用法示例：

```
HTableDescriptor htd = new HTableDescriptor(tablename);
HColumnDescriptor col = new HColumnDescriptor("content:");
htd.addFamily(col);
```

为表添加了一个 content 列族。

6．HTable

HTable 类位于 org.apache.hadoop.hbase.client.HTable，可以用来和 HBase 表直接通信，此方法对于更新操作来说是非线程安全的。常用函数如表 6-6 所示。

表 6-6　HTable 类介绍

返回值	函数	说明
void	checkAndPut(byte[] row, byte[] family, byte[] qualifier, byte[] value, Put put	自动的检查 row、family、qualifier 是否与给定的值匹配
void	close()	释放所有的资源或挂起内部缓冲区中的更新
boolean	exists(Get get)	检查 Get 实例所指定的值是否存在于 HTable 的列中
Result	get(Get get)	获取指定行的某些单元格所对应的值
byte[][]	getEndKeys()	获取当前一打开的表每个区域的结束键值
ResultScanner	getScanner(byte[] family)	获取当前给定列族的 Scanner 实例
HTableDescriptor	getTableDescriptor()	获取当前表的 HTableDescriptor 实例
byte[]	getTableName()	获取表名

返回值	函数	说明
static boolean	isTableEnabled(HBaseConfiguration conf, String tableName)	检查表是否有效
void	put(Put put)	向表中添加值

用法示例：

　　　　HTable table = new HTable(conf, Bytes.toBytes(tablename));
　　　　ResultScanner scanner = table.getScanner(family);

7．Put

Put 类位于 org.apache.hadoop.hbase.client.Put，用来对单个行执行添加操作。常用函数如表 6-7 所示。

表 6-7　Put 类介绍

返回值	函数	说明
Put	add(byte[] family, byte[] qualifier, byte[] value)	将指定的列和对应的值添加到 Put 实例中
Put	add(byte[] family, byte[] qualifier, long ts, byte[] value)	将指定的列和对应的值及时间戳添加到 Put 实例中
byte[]	getRow()	获取 Put 实例的行
RowLock	getRowLock()	获取 Put 实例的行锁
long	getTimeStamp()	获取 Put 实例的时间戳
boolean	isEmpty()	检查 familyMap 是否为空
Put	setTimeStamp(long timeStamp)	设置 Put 实例的时间戳

用法示例：

　　　　HTable table = new HTable(conf,Bytes.toBytes(tablename));
　　　　Put p = new Put(row);　　　　　　//为指定行创建一个 Put 操作
　　　　p.add(family,qualifier,value);
　　　　table.put(p);

8．Get

Get 类位于 org.apache.hadoop.hbase.client.Get，用来获取单个行的相关信息。常用函数如表 6-8 所示。

表 6-8　Get 类介绍

返回值	函数	说明
Get	addColumn(byte[] family, byte[] qualifier)	获取指定列族和列标识符对应的列
Get	addFamily(byte[] family)	通过指定的列族获取其对应的所有列
Get	setTimeRange(long minStamp,long maxStamp)	获取指定时间的列的版本号
Get	setFilter(Filter filter)	当执行 Get 操作时设置服务器端的过滤器

用法示例：

```
HTable table = new HTable(conf, Bytes.toBytes(tablename));
Get g = new Get(Bytes.toBytes(row));
```

9. Result

Result 类位于 org.apache.hadoop.hbase.client.Result，用于存储 Get 或 Scan 操作后获取表的单行值，使用此类提供的方法可以直接获取值或者各种 Map 结构（Key-Value 对）。常用函数如表 6-9 所示。

表 6-9　Result 类介绍

返回值	函数	说明
boolean	containsColumn(byte[] family, byte[] qualifier)	检查指定的列是否存在
NavigableMap<byte[],byte[]>	getFamilyMap(byte[] family)	获取对应列族所包含的修饰符与值的键值对
byte[]	getValue(byte[] family, byte[] qualifier)	获取对应列的最新值

10. ResultScanner

ResultScanner 类是一个客户端获取值的接口。常用函数如表 6-10 所示。

表 6-10　ResultScanner 类介绍

返回值	函数	说明
void	close()	关闭 Scanner 并释放分配给它的资源
Result	next()	获取下一行的值

6.2　创建 Configuration 对象

HBase 所有的 Java API 操作都需要先创建 Configuration 对象，并指定 hbase-site.xml 作为资源文件。

```
Configuration config = HBaseConfiguration.create();
config.addResource(new Path("/hadoop/hbase-1.3.1/conf "));
```

默认的构造方式会从 hbase-default.xml 和 hbase-site.xml 中读取配置，如果 classpath 中没有这两个文件，需要自己配置，在 Configuration 对象中设置 hbase.zookeeper.quorum 参数和 hbase.zookeeper.property.clientPort 参数的值，这些值也可以在 hbase-site.xml 配置文件中找到：

```
Configuration config = HBaseConfiguration.create();
config.set("hbase.rootdir", "hdfs://192.168.254.128:9000/hbase");
config.set("hbase.zookeeper.property.clientPort", "2181");
//hbase.zookeeper.quorum 值不能采用 IP 方式，必须使用名称
config.set("hbase.zookeeper.quorum", "master,slave1,slave2");
config.set("hbase.master", "60000");
```

Configuration 对象创建完成后，接着创建连接到 HBase 数据库的 Connection 对象，并通过此对象获取 Admin 对象，它负责实现创建数据表的操作：

```
Connection connection = ConnectionFactory.createConnection(config);
Admin admin = connection.getAdmin();
```

一旦创建了 Admin 对象后，就可以创建数据表。

6.3　创建表

HBase 建表函数提供了四个重载函数，如下：

（1）void createTable(HTableDescriptor desc)

（2）void createTable(HTableDescriptor desc, byte[] startKey,byte[] endKey, int numRegions)

（3）void createTable(HTableDescriptor desc, byte[][] splitKeys)

（4）void createTableAsync(HTableDescriptor desc, byte[][] splitKeys)

这四个函数的相同点是都是根据表描述符来创建表，其中一个不同点是前三个函数是同步创建（也就是表没创建完，函数不返回），而带 createTableAsync 的这个函数是异步的（后台自动创建表）。

第一个函数相对简单，就是创建一个表，这个表没有任何 Region。后三个函数是创建表的时候帮用户分配好指定数量的 Region（提前分配 Region 的好处是能减少 Split，这样能节省不少时间）。

第二个函数是使用者指定表的"起始行键""末尾行键"和 Region 的数量，这样系统自动给用户划分 Region，根据 Region 数来均分所有的行键。这个方法的问题是如果表的行键不是连续的，那么就会导致有些 Region 的行键不会用到，有些 Region 是全满的。

最后两个函数是用户需要自己对 Region 进行划分，函数的参数 splitKeys 是一个二维字节数据，行的最大数表示 Region 划分数 + 1，列就表示 Region 和 Region 之间的行键。例如：

```
byte[][] regions = new byte[][] {
    Bytes.toBytes("A"),
    Bytes.toBytes("D"),
    Bytes.toBytes("H"),
    Bytes.toBytes("L"),
    Bytes.toBytes("P"),
    Bytes.toBytes("U")
};
```

就表示有 7 个 Region（6+1），具体 Region 表示的行键为：

（1）start Key: , end Key: A

（2）start Key: A, end Key: D

（3）start Key: D, end Key: H

（4）start Key: H, end Key: L

（5）start Key: L, end Key: P

（6）start Key: P, end Key: U

（7）start Key: U, end Key:

6.3.1 开发环境配置

1. 导入开发所需要的 JAR 包

（1）为方便统一管理，将 hbase-1.3.1-bin.tar.gz 解压到 Windows C 盘的 hadoop 文件夹（本文件夹中存放所有 Hadoop 开发用到的软件包）中，如图 6-1 所示。

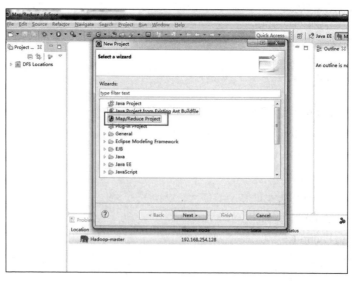

名称	修改日期	类型	大小
eclipse	2018/2/7 10:03	文件夹	
hadoop-2.6.5	2017/8/18 9:49	文件夹	
hadoop-common-2.6.0-bin-master	2015/9/22 12:17	文件夹	
hbase-0.96.0-hadoop2	2018/1/27 17:17	文件夹	
hbase-1.3.1	2018/1/29 11:23	文件夹	
hbase-hadoop-2.6.5-lib	2018/1/29 16:51	文件夹	
workspace	2018/1/29 16:09	文件夹	
1.jar	2018/1/28 15:57	Executable Jar File	95,209 KB
2.jar	2018/1/28 15:58	Executable Jar File	11 KB
3.jar	2018/1/30 10:09	Executable Jar File	12 KB
eclipse-jee-mars-1-win32-x86_64.zip	2016/11/16 11:34	WinRAR ZIP 压缩...	281,277 KB
hadoop-2.6.5.tar.gz	2017/1/3 14:31	WinRAR 压缩文件	194,957 KB
hadoop-common-2.6.0-bin-master.zip	2017/3/25 18:40	WinRAR ZIP 压缩...	1,199 KB
hbase-0.96.0.tar.gz	2016/11/15 11:50	WinRAR 压缩文件	157,084 KB
hbase-1.3.1-bin.tar.gz	2018/1/28 15:31	WinRAR 压缩文件	103,241 KB
hbase-1.4.0-bin.tar.gz	2018/1/25 10:30	WinRAR 压缩文件	109,692 KB
mysql-connector-java-5.1.40.tar.gz	2018/2/13 9:46	WinRAR 压缩文件	3,820 KB
mysql-connector-java-5.1.40-bin.jar	2016/9/25 2:35	Executable Jar File	968 KB

图 6-1　HBase 在 Windows 下的解压路径

（2）运行 Eclipse，如果此步骤之前没有操作过，可以参考教材《Hadoop 大数据开发》的 3.4.1 节（HDFS Eclipse Windows 远程环境搭建）。

（3）创建 HBase 工程。通过 Eclipse 创建 Map/Reduce 工程，如图 6-2 所示。

图 6-2　创建 HBase 工程

然后指定 Hadoop 在 Windows 下的解压目录，如图 6-3 和图 6-4 所示。

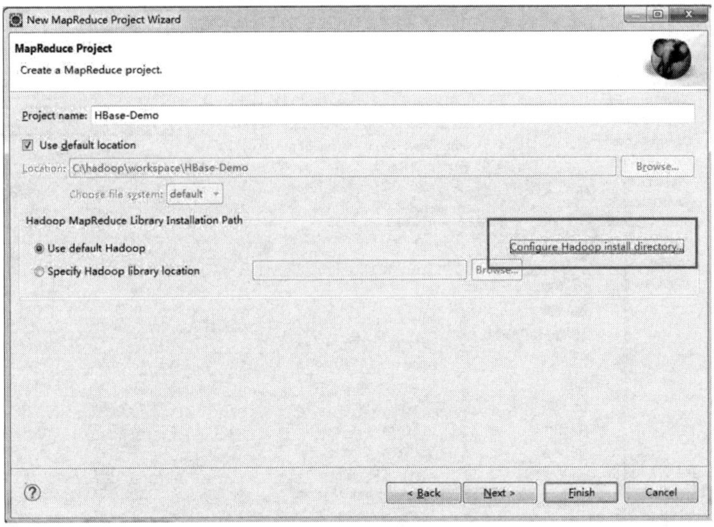

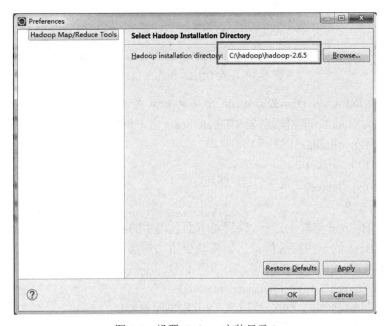

图 6-3　设置 Hadoop 安装目录 1

图 6-4　设置 Hadoop 安装目录 2

（4）添加 HBase 依赖 JAR 包，右击工程并选择 Build Path→Configure Build Path→Libraries 选项，单击 Add External JARS 按钮，将 C:\hadoop\hbase-1.3.1\lib 下的所有 JAR 包全部导入，即完成导入所需要 HBase JAR 包的操作，具体如图 6-5 所示。

（5）还可以在 hadoop-2.6.5\share\hadoop 下新建一个 hbase 文件夹，将 hbase-1.3.1\lib 下的所有 JAR 包拷入新建的 hbase 文件夹，这样以后每个新建的 Hadoop 工程都默认包含了 HBase 所需要的 JAR 包，方便开发。

图 6-5　导入 HBase 所需的 JAR 包

2. 修改 C:\Windows\System32\drivers\etc 下的 host 文件

将其值设置为 Hadoop 集群服务器中的/etc/hosts 值，例如：

192.168.254.128　　master

192.168.254.129　　slave1

192.168.254.131　　slave2

3. 设置配置信息

　　如果程序在 Hadoop 集群中运行，只需要下面代码中的第一行；如果是在 Windows 下运行，则还需要设置 HBase 的一些相关信息。如果缺少第二步操作，则程序提示无法找到 master 对应的机器，核心代码如下：

```
Configuration conf = HBaseConfiguration.create();
conf.set("hbase.rootdir", "hdfs://192.168.254.128:9000/hbase");
conf.set("hbase.zookeeper.property.clientPort", "2181");
conf.set("hbase.zookeeper.quorum", "master,slave1,slave2");
conf.set("hbase.master", "60000");
```

6.3.2　创建表

　　通过 HtableDescriptor.addFamily 方法可以实现向表中添加列族，如果想要在创建表的同时指定版本数，只需将注释 cloumn.setMaxVersions(3)去掉即可。

　　实现代码如下：

```
import java.io.IOException;
```

```java
import org.apache.hadoop.conf.Configuration;
import org.apache.hadoop.hbase.HBaseConfiguration;
import org.apache.hadoop.hbase.HColumnDescriptor;
import org.apache.hadoop.hbase.HTableDescriptor;
import org.apache.hadoop.hbase.MasterNotRunningException;
import org.apache.hadoop.hbase.TableName;
import org.apache.hadoop.hbase.ZooKeeperConnectionException;
import org.apache.hadoop.hbase.client.HBaseAdmin;

public class CreateTableDemo {
    static Configuration conf = null;
    static{
        conf = HBaseConfiguration.create();
        conf.set("hbase.rootdir", " hdfs://192.168.254.128:9000/hbase ");
        conf.set("hbase.master", "hdfs:// 192.168.254.128:60000");
        conf.set("hbase.zookeeper.property.clientPort", "2181");
        conf.set("hbase.zookeeper.quorum", "master,slave1,slave2");
    }

    public static int createTable(String tableName, String[] family) throws MasterNotRunningException,
ZooKeeperConnectionException, IOException{
        HBaseAdmin admin = new HBaseAdmin(conf);
        HTableDescriptor table = new HTableDescriptor(TableName.valueOf(tableName));
//        HTableDescriptor table = new HTableDescriptor(tableName);
        //HColumnDescriptor 列的相关信息
        for(String str : family){
            HColumnDescriptor cloumn = new HColumnDescriptor(str);
//            cloumn.setMaxVersions(3);
            table.addFamily(cloumn);
        }
        if(admin.tableExists(tableName)){
            System.out.println(tableName + "已经存在");
            return -1;
        }

        admin.createTable(table);
        admin.close();
        System.out.println("create success");
        return 1;
    }

    public static void main(String[] args) throws MasterNotRunningException, ZooKeeperConnection-
Exception, IOException {
        createTable("stu", new String[]{"info", "grade"});
    }
}
```

日志信息如图 6-6 所示。

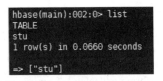

图 6-6　建表日志信息输出

在 HBase Shell 中查看是否创建成功，如图 6-7 所示。

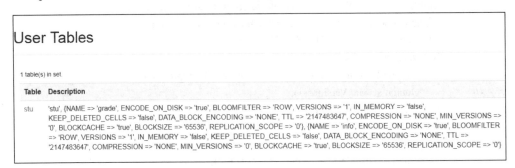

图 6-7　HBase Shell list 信息

在http://192.168.254.128:60010/tablesDetailed.jsp上同样可以查看到相关信息，如图 6-8 所示。

User Tables

1 table(s) in set.

Table	Description
stu	'stu', {NAME => 'grade', ENCODE_ON_DISK => 'true', BLOOMFILTER => 'ROW', VERSIONS => '1', IN_MEMORY => 'false', KEEP_DELETED_CELLS => 'false', DATA_BLOCK_ENCODING => 'NONE', TTL => '2147483647', COMPRESSION => 'NONE', MIN_VERSIONS => '0', BLOCKCACHE => 'true', BLOCKSIZE => '65536', REPLICATION_SCOPE => '0'}, {NAME => 'info', ENCODE_ON_DISK => 'true', BLOOMFILTER => 'ROW', VERSIONS => '1', IN_MEMORY => 'false', KEEP_DELETED_CELLS => 'false', DATA_BLOCK_ENCODING => 'NONE', TTL => '2147483647', COMPRESSION => 'NONE', MIN_VERSIONS => '0', BLOCKCACHE => 'true', BLOCKSIZE => '65536', REPLICATION_SCOPE => '0'}

图 6-8　网页信息查看

6.4　数据插入

HBase 数据插入使用 Put 对象。Put 对象在进行数据插入时，首先会向 HBase 集群发送一个 RPC 请求，得到响应后将 Put 类中的数据通过序列化的方式传给 HBase 集群，集群节点拿到数据后进行添加功能。

HBase 客户端拥有多重方式进行数据插入，通过调整不同的属性从而实现不同的插入方式。

1．单行插入：put(Put p)

单行插入即每次插入一行数据，实现代码如下：

```
import java.io.IOException;
import org.apache.hadoop.conf.Configuration;
```

```java
import org.apache.hadoop.hbase.HBaseConfiguration;
import org.apache.hadoop.hbase.MasterNotRunningException;
import org.apache.hadoop.hbase.ZooKeeperConnectionException;
import org.apache.hadoop.hbase.client.HTable;
import org.apache.hadoop.hbase.client.Put;

public class PutDemo {
    static Configuration conf = null;
    static{
        conf = HBaseConfiguration.create();
        conf.set("hbase.rootdir", " hdfs://192.168.254.128:9000/hbase ");
        conf.set("hbase.master", "hdfs:// 192.168.254.128:60000");
        conf.set("hbase.zookeeper.property.clientPort", "2181");
        conf.set("hbase.zookeeper.quorum", "master,slave1,slave2");
    }

    public static void insert(String tableName, String rowkey, String family, String column, String cell)
    throws IOException{
        Put put = new Put(rowkey.getBytes());
        //HTable 负责表的 get put delete scan 操作
        HTable table = new HTable(conf, tableName);
        put.add(family.getBytes(), column.getBytes(), cell.getBytes());
        table.put(put);
        System.out.println("insert success");
    }

    public static void main(String[] args) throws MasterNotRunningException, ZooKeeperConnection-
    Exception, IOException {
        insert("stu", "rw001", "info", "name", "zhangsan");
        insert("stu", "rw001", "grade", "c", "80");
    }
}
```

HTable.put(Put p)方法向表中添加一行数据。在此过程中会发送一次 RPC 操作进行请求，并将 Put 中的数据序列化以后传送给相应的服务器进行数据插入。

日志信息打印如图 6-9 所示。

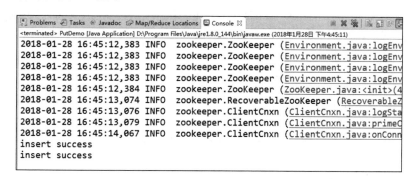

图 6-9　插入数据日志信息输出

查看插入结果如图 6-10 所示。

```
hbase(main):004:0> get 'stu', 'rw001'
COLUMN                    CELL
 grade:c                  timestamp=1517127998813, value=80
 info:name                timestamp=1517127996385, value=zhangsan
2 row(s) in 0.2880 seconds
```

图 6-10　查询 rw001 行数据

2．批量插入：put(List<Put> list)

首先构造一个 List 容器，然后将多行数据全部装载到该容器中，最后通过客户端的代码一次性将多行数据进行提交。多行插入的本质就是对 List 容器中的所有对象进行迭代，然后通过 HTable.put(Put p)方法进行多次插入操作，这样的批量操作也会发送多次 PRC 请求。

实现代码如下：

```java
import java.io.IOException;
import java.util.ArrayList;
import java.util.List;
import org.apache.hadoop.conf.Configuration;
import org.apache.hadoop.hbase.HBaseConfiguration;
import org.apache.hadoop.hbase.MasterNotRunningException;
import org.apache.hadoop.hbase.ZooKeeperConnectionException;
import org.apache.hadoop.hbase.client.HBaseAdmin;
import org.apache.hadoop.hbase.client.HTable;
import org.apache.hadoop.hbase.client.Put;
import org.apache.hadoop.hbase.util.Bytes;

public class PutDemo2 {
    static Configuration conf = null;
    static{
        conf = HBaseConfiguration.create();
        conf.set("hbase.rootdir", " hdfs://192.168.254.128:9000/hbase ");
        conf.set("hbase.master", "hdfs:// 192.168.254.128:60000");
        conf.set("hbase.zookeeper.property.clientPort", "2181");
        conf.set("hbase.zookeeper.quorum", "master,slave1,slave2");
    }

    public static void putList(String tableName, String[] rowKeys, String[] families, String[] columns,
    String[] values){
        try {
            HBaseAdmin admin=new HBaseAdmin(conf);
            HTable table = new HTable(conf, tableName.valueOf(tableName));
            int length = rowKeys.length;
            List<Put> putList = new ArrayList<>();
            if(!admin.tableExists(Bytes.toBytes(tableName)))
            {
                System.err.println("the "+tableName+" is not exist");
                System.exit(1);
```

```
        }
        for(int i = 0; i < length; i++)
        {
            Put put = new Put(Bytes.toBytes(rowKeys[i]));
            put.add(Bytes.toBytes(families[i]), Bytes.toBytes(columns[i]),
                    Bytes.toBytes(values[i]));
            putList.add(put);
        }
        table.put(putList);
        table.close();
        System.out.println("insert success");
    } catch (Exception e) {
        // TODO: handle exception
    }
}


public static void main(String[] args) throws MasterNotRunningException, ZooKeeperConnection-
Exception, IOException {
    putList("stu", new String[]{"rw002", "rw002"}, new String[]{"info", "grade"},
            new String[]{"name", "Java"}, new String[]{"60","70"});
}
}
```

查看插入结果如图 6-11 所示。

```
hbase(main):005:0> get 'stu', 'rw002'
COLUMN                          CELL
 grade:Java                     timestamp=1517128433239, value=70
 info:name                      timestamp=1517128433239, value=60
2 row(s) in 0.1110 seconds
```

图 6-11 批量插入结果查询

3. 检查并写入：checkAndPut(byte[] row, byte[] family, byte[] qualifier, byte[] value, Put put)

该方法提供了一种原子性操作，即该操作如果失败，则操作中的所有更改都失效，该函数在多个客户端对同一个数据进行修改时将会提供较高的效率。

实现代码如下：

```
import java.io.IOException;
import org.apache.hadoop.conf.Configuration;
import org.apache.hadoop.hbase.HBaseConfiguration;
import org.apache.hadoop.hbase.MasterNotRunningException;
import org.apache.hadoop.hbase.TableName;
import org.apache.hadoop.hbase.ZooKeeperConnectionException;
import org.apache.hadoop.hbase.client.HBaseAdmin;
import org.apache.hadoop.hbase.client.HTable;
import org.apache.hadoop.hbase.client.Put;
import org.apache.hadoop.hbase.util.Bytes;


public class PutDemo3 {
```

```java
static Configuration conf = null;
static{
    conf = HBaseConfiguration.create();
    conf.set("hbase.rootdir", " hdfs://192.168.254.128:9000/hbase ");
    conf.set("hbase.master", "hdfs:// 192.168.254.128:60000");
    conf.set("hbase.zookeeper.property.clientPort", "2181");
    conf.set("hbase.zookeeper.quorum", "master,slave1,slave2");
}

public static void checkAndPut(String tableName, String row, String family, String column, String
value){
    try {
        HBaseAdmin admin=new HBaseAdmin(conf);
        if(!admin.tableExists(Bytes.toBytes(tableName)))
        {
            System.err.println("the table "+tableName+" is not exist");
            System.exit(1);
        }
        HTable table=new HTable(conf, TableName.valueOf(tableName));
        Put put = new Put(Bytes.toBytes(row));
        put.add(Bytes.toBytes(family), Bytes.toBytes(column),
                Bytes.toBytes(value));
        table.checkAndPut(Bytes.toBytes(row), Bytes.toBytes(family),
                Bytes.toBytes(column), null, put);
        table.flushCommits();
        System.out.println("insert success");
    } catch (Exception e) {
        // TODO: handle exception
        e.printStackTrace();
    }
}

public static void main(String[] args) throws MasterNotRunningException, ZooKeeperConnection-
Exception, IOException {
    checkAndPut("stu", "rw003", "info", "name", "lisi");
    checkAndPut("stu", "rw003", "grade", "C++", "75");
}
}
```

上述代码实现了只有在写入位置的值为 Null 的时候才会将数据写入到数据库中。

需要注意的是，checkAndPut 方法以及类似的方法（统称为 Compact And Set（CAS）操作）都只能对一行进行原子性操作。当 checkAndPut 函数中的参数 row 和参数 put 中的 row 不相同时，即该操作已经不在同一行中时，则会抛出如下异常：

```
org.apache.hadoop.hbase.DoNotRetryIOException:    org.apache.hadoop.hbase.DoNotRetryIOException:
Action's getRow must match the passed row
    at org.apache.hadoop.hbase.regionserver.HRegion.checkAndMutate(HRegion.java:3276)
    at org.apache.hadoop.hbase.regionserver.RSRpcServices.mutate(RSRpcServices.java:2102)
```

```
        at org.apache.hadoop.hbase.protobuf.generated.ClientProtos$ClientService$2.callBlockingMethod
(ClientProtos.java:32203)
        at org.apache.hadoop.hbase.ipc.RpcServer.call(RpcServer.java:2114)
        at org.apache.hadoop.hbase.ipc.CallRunner.run(CallRunner.java:101)
        at org.apache.hadoop.hbase.ipc.RpcExecutor.consumerLoop(RpcExecutor.java:130)
        at org.apache.hadoop.hbase.ipc.RpcExecutor$1.run(RpcExecutor.java:107)
        at java.lang.Thread.run(Thread.java:745)
```

日志信息打印如图 6-12 所示，同图 6-9 相比可以看出，checkAndPut 是插入成功一次后再建立连接执行第二次插入。

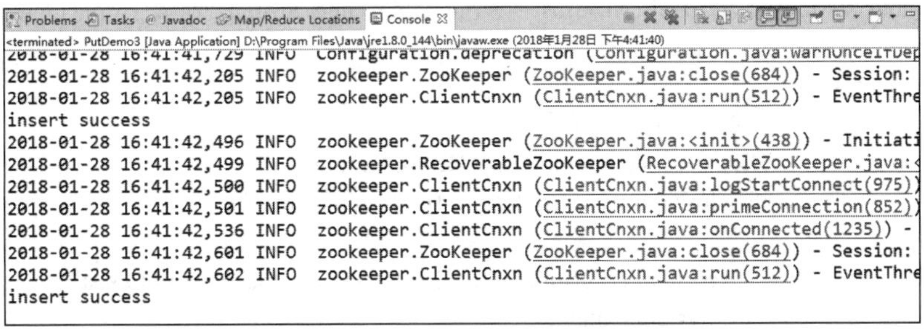

图 6-12　checkAndPut 方法日志信息输出

执行结果如图 6-13 所示。

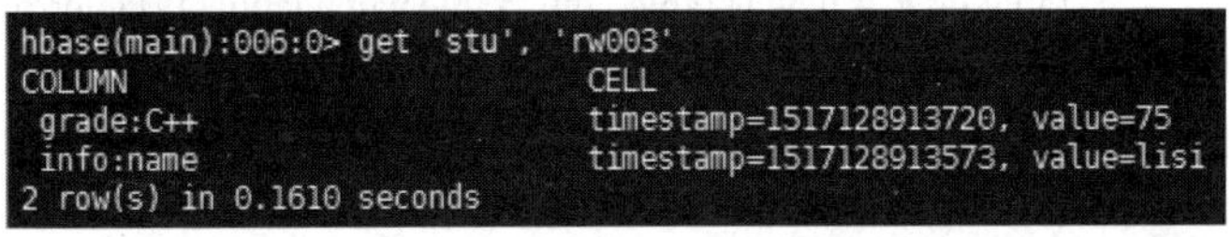

图 6-13　checkAndPut 结果查询

4. 缓存块操作

第二种方法虽然提供了批量操作，但实际的 RPC 请求次数没有任何减少，因此 put(List) 和多次 put(Put p)方法理论上的速率是相同的，而 Put 对象提供了一种可以打开 Put 缓存区的方式来提高数据提交的速率。该方式在客户端的内存中提供一块缓存区域，客户端设置其大小，然后在用户每次进行提交时并不立刻将数据提交到 HBase 集群中，而是当所有该缓存区已经满溢的时候将缓存区中的数据通过一次 RPC 操作一次提交到 HBase 集群中去，所以缓存块在进行大量 Put 请求且数据量较小时将会明显提高效率。

实现代码如下：

```
import java.io.IOException;
import org.apache.hadoop.conf.Configuration;
import org.apache.hadoop.hbase.HBaseConfiguration;
import org.apache.hadoop.hbase.MasterNotRunningException;
import org.apache.hadoop.hbase.TableName;
import org.apache.hadoop.hbase.ZooKeeperConnectionException;
import org.apache.hadoop.hbase.client.HBaseAdmin;
import org.apache.hadoop.hbase.client.HTable;
import org.apache.hadoop.hbase.client.Put;
import org.apache.hadoop.hbase.util.Bytes;
```

```java
public class PutDemo4 {
    static Configuration conf = null;
    static{
        conf = HBaseConfiguration.create();
        conf.set("hbase.rootdir", " hdfs://192.168.254.128:9000/hbase ");
        conf.set("hbase.master", "hdfs:// 192.168.254.128:60000");
        conf.set("hbase.zookeeper.property.clientPort", "2181");
        conf.set("hbase.zookeeper.quorum", "master,slave1,slave2");
    }

    public static void startBufferAndInsert(String tableName, String[] rows, String[] families, String[]
columns, String[] values){
        try {
                //检查指定的表是否存在
                HBaseAdmin admin = new HBaseAdmin(conf);
                if(!admin.tableExists(Bytes.toBytes(tableName)))
                {
                    System.err.println("the table " + tableName + " is not exist");
                    System.exit(1);
                }
                admin.close();
                //创建表连接
                HTable table = new HTable(conf, TableName.valueOf(tableName));
                //将数据自动提交功能关闭
                table.setAutoFlush(false);
                //设置数据缓存区域
                table.setWriteBufferSize(64*1024*1024);
                //开始写入数据
                int length = rows.length;
                for(int i = 0; i < length; i++)
                {
                    Put put = new Put(Bytes.toBytes(rows[i]));
                    put.add(Bytes.toBytes(families[i]), Bytes.toBytes(columns[i]),
                            Bytes.toBytes(values[i]));
                    table.put(put);
                }
                //刷新缓存区
                table.flushCommits();
                //关闭表连接
                table.close();
                System.out.println("insert success");
            } catch (Exception e) {
                // TODO: handle exception
                e.printStackTrace();
            }
    }

    public static void main(String[] args) throws MasterNotRunningException, ZooKeeperConnection-
```

```
Exception, IOException {
    startBufferAndInsert("stu", new String[]{"rw004", "rw004"}, new String[]{"info", "grade"},
        new String[]{"name", "grade"}, new String[]{"wangwu", "86"});
    }
}
```

使用缓存插入方式时，要注意将表的自动填充属性关闭，并且在数据插入完成后进行一次手动的提交操作。执行结果如图 6-14 所示。

```
hbase(main):007:0> get 'stu', 'rw004'
COLUMN                      CELL
 grade:grade                timestamp=1517129645724, value=86
 info:name                  timestamp=1517129645724, value=wangwu
2 row(s) in 0.0710 seconds
```

图 6-14　startBufferAndInsert 结果输出

6.5　数据查询

数据查询分为单条查询和批量查询。单条查询通过 get 查询，批量查询通过 HTable 的 gctScanner 实现。

1. 按行查询

按行查询是在构造 Get 对象的时候只传入行键，实现代码如下：

```
import java.io.IOException;
import java.util.List;
import org.apache.hadoop.conf.Configuration;
import org.apache.hadoop.hbase.Cell;
import org.apache.hadoop.hbase.CellUtil;
import org.apache.hadoop.hbase.HBaseConfiguration;
import org.apache.hadoop.hbase.KeyValue;
import org.apache.hadoop.hbase.MasterNotRunningException;
import org.apache.hadoop.hbase.ZooKeeperConnectionException;
import org.apache.hadoop.hbase.client.Get;
import org.apache.hadoop.hbase.client.HTable;
import org.apache.hadoop.hbase.client.Result;

public class QueryDemo {
    static Configuration conf = null;
    static{
        conf = HBaseConfiguration.create();
        conf.set("hbase.rootdir", " hdfs://192.168.254.128:9000/hbase ");
        conf.set("hbase.master", "hdfs:// 192.168.254.128:60000");
        conf.set("hbase.zookeeper.property.clientPort", "2181");
        conf.set("hbase.zookeeper.quorum", "master,slave1,slave2");
    }
```

```java
public static Result queryByRow(String tableName, String rowkey) throws IOException{
    Get get = new Get(rowkey.getBytes());
    HTable table = new HTable(conf, tableName);
    return table.get(get);
}

public static void main(String[] args) throws MasterNotRunningException, ZooKeeperConnection-
Exception, IOException {

    //按行查询数据（旧方法）
    Result result = queryByRow("stu", "rw001");
    List<KeyValue> values = result.list();
    System.out.println("COLUMN\t\t\tCELL ");
    for(KeyValue value : values){
        System.out.print(new String(value.getFamily()) + ":");
        System.out.print(new String(value.getQualifier()) + "\t\t");
        System.out.print("value = " + new String(value.getValue()) + ",");
        System.out.println("timestamp = " + value.getTimestamp());
    }

    System.out.println("----新方法----");
    //按行查询数据(新方法)
    Result result2 = queryByRow("stu", "rw002");
    Cell[] cells = result2.rawCells();
    System.out.println("COLUMN\t\t\tCELL ");
    for(Cell cell : cells){
        System.out.print(new String(CellUtil.cloneFamily(cell)) + ":");
        System.out.print(new String(CellUtil.cloneQualifier(cell)) + "\t\t");
        System.out.print("value = " + new String(CellUtil.cloneValue(cell)) + ",");
        System.out.println("timestamp = " + cell.getTimestamp());
    }

}
}
```

执行结果如图 6-15 所示。

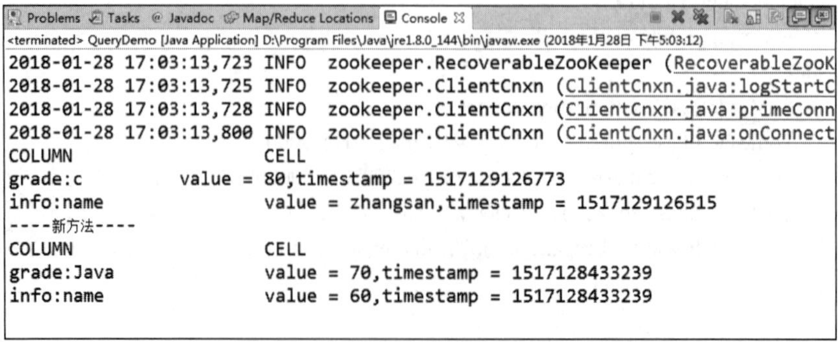

图 6-15　按行查询执行结果

2. 按列查询

按列查询是在构造 Get 对象的时候传入行键、列族和列，实现代码如下：

```java
import java.io.IOException;
import org.apache.hadoop.conf.Configuration;
import org.apache.hadoop.hbase.Cell;
import org.apache.hadoop.hbase.CellUtil;
import org.apache.hadoop.hbase.HBaseConfiguration;
import org.apache.hadoop.hbase.MasterNotRunningException;
import org.apache.hadoop.hbase.ZooKeeperConnectionException;
import org.apache.hadoop.hbase.client.Get;
import org.apache.hadoop.hbase.client.HTable;
import org.apache.hadoop.hbase.client.Result;


public class QueryDemo2 {
    static Configuration conf = null;
    static{
        conf = HBaseConfiguration.create();
        conf.set("hbase.rootdir", " hdfs://192.168.254.128:9000/hbase ");
        conf.set("hbase.master", "hdfs:// 192.168.254.128:60000");
        conf.set("hbase.zookeeper.property.clientPort", "2181");
        conf.set("hbase.zookeeper.quorum", "master,slave1,slave2");
    }

    public static Result queryByColumn(String tableName, String rowkey, String family, String column)
    throws IOException{
        Get get = new Get(rowkey.getBytes());
        HTable table = new HTable(conf, tableName);
        get.addColumn(family.getBytes(), column.getBytes());
        return table.get(get);
    }

    public static void main(String[] args) throws MasterNotRunningException, ZooKeeperConnection-
    Exception, IOException {
        Result result = queryByColumn("stu", "rw001", "info", "name");
        Cell[] cells = result.rawCells();
        System.out.println("COLUMN\t\t\tCELL ");
        for(Cell cell : cells){
            System.out.print(new String(CellUtil.cloneFamily(cell)) + ":");
            System.out.print(new String(CellUtil.cloneQualifier(cell)) + "\t\t");
            System.out.print("value = " + new String(CellUtil.cloneValue(cell)) + ",");
            System.out.println("timestamp = " + cell.getTimestamp());
        }
        result = queryByColumn("stu", "rw001", "info", "name");
        cells = result.rawCells();
        System.out.println("COLUMN\t\t\tCELL ");
        for(Cell cell : cells){
```

```
            System.out.print(new String(CellUtil.cloneFamily(cell)) + ":");
            System.out.print(new String(CellUtil.cloneQualifier(cell)) + "\t\t");
            System.out.print("value = " + new String(CellUtil.cloneValue(cell)) + ",");
            System.out.println("timestamp = " + cell.getTimestamp());
        }
    }
}
```

执行结果如图 6-16 所示。

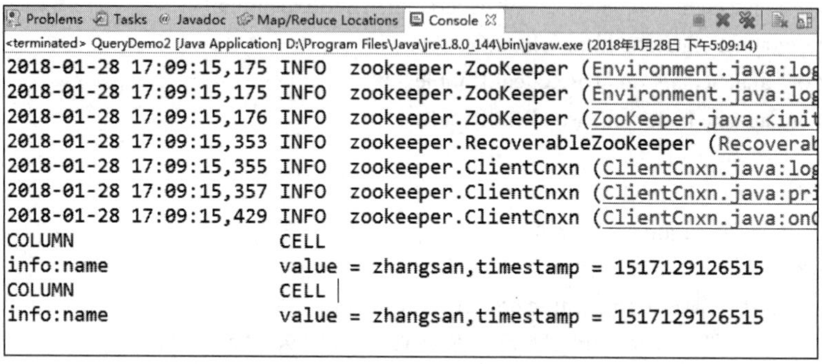

图 6-16　按列查询结果输出

3. 查询历史数据

要想查询历史版本数据，需要在建表的时候使用 setMaxVersions(n)，其中 n 表示设置的版本数。通过 HBase Shell 建一个 stu2 表并插入三条数据，代码如下：

```
create 'stu2', {NAME=>'info', VERSIONS=>'3'}, {NAME=>'grade', VERSIONS=>'3'}
put 'stu2', 'rw001', 'info:name', 'lily'
put 'stu2', 'rw001', 'info:age', '16'
put 'stu2', 'rw001', 'info:age', '17'
put 'stu2', 'rw001', 'info:age', '18'
```

实现代码如下：

```
import java.io.IOException;
import org.apache.hadoop.conf.Configuration;
import org.apache.hadoop.hbase.Cell;
import org.apache.hadoop.hbase.CellUtil;
import org.apache.hadoop.hbase.HBaseConfiguration;
import org.apache.hadoop.hbase.MasterNotRunningException;
import org.apache.hadoop.hbase.ZooKeeperConnectionException;
import org.apache.hadoop.hbase.client.Get;
import org.apache.hadoop.hbase.client.HTable;
import org.apache.hadoop.hbase.client.Result;

public class QueryDemo3 {
    static Configuration conf = null;
    static{
        conf = HBaseConfiguration.create();
        conf.set("hbase.rootdir", " hdfs://192.168.254.128:9000/hbase ");
```

```
        conf.set("hbase.master", "hdfs:// 192.168.254.128:60000");
        conf.set("hbase.zookeeper.property.clientPort", "2181");
        conf.set("hbase.zookeeper.quorum", "master,slave1,slave2");
    }

    public static Result queryByRowByVersions(String tableName, String rowkey) throws IOException{
        Get get = new Get(rowkey.getBytes());
        get.setMaxVersions(3);
        HTable table = new HTable(conf, tableName);
        return table.get(get);
    }

    public static void main(String[] args) throws MasterNotRunningException, ZooKeeperConnection-
    Exception, IOException {
        Result result = queryByRowByVersions("stu2", "rw001");
        Cell[] cells = result.rawCells();
        System.out.println("COLUMN\t\t\tCELL ");
        for(Cell cell : cells){
            System.out.print(new String(CellUtil.cloneFamily(cell)) + ":");
            System.out.print(new String(CellUtil.cloneQualifier(cell)) + "\t\t");
            System.out.print("value = " + new String(CellUtil.cloneValue(cell)) + ",");
            System.out.println("timestamp = " + cell.getTimestamp());
        }

    }
}
```

执行结果如图 6-17 所示。

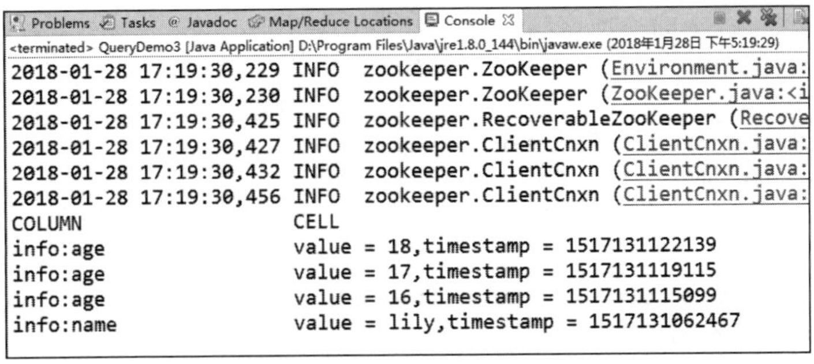

```
Problems  Tasks  Javadoc  Map/Reduce Locations  Console
<terminated> QueryDemo3 [Java Application] D:\Program Files\Java\jre1.8.0_144\bin\javaw.exe (2018年1月28日 下午5:19:29)
2018-01-28 17:19:30,229 INFO  zookeeper.ZooKeeper (Environment.java:
2018-01-28 17:19:30,230 INFO  zookeeper.ZooKeeper (ZooKeeper.java:<i
2018-01-28 17:19:30,425 INFO  zookeeper.RecoverableZooKeeper (Recove
2018-01-28 17:19:30,427 INFO  zookeeper.ClientCnxn (ClientCnxn.java:
2018-01-28 17:19:30,432 INFO  zookeeper.ClientCnxn (ClientCnxn.java:
2018-01-28 17:19:30,456 INFO  zookeeper.ClientCnxn (ClientCnxn.java:
COLUMN                  CELL
info:age                value = 18,timestamp = 1517131122139
info:age                value = 17,timestamp = 1517131119115
info:age                value = 16,timestamp = 1517131115099
info:name               value = lily,timestamp = 1517131062467
```

图 6-17　历史数据查询结果输出

6.6　数据删除

1．删除指定列

删除指定列是在构造 Delete 对象的时候传入行键、列族和列，实现代码如下：

```
import java.io.IOException;
import org.apache.hadoop.conf.Configuration;
```

```
import org.apache.hadoop.hbase.HBaseConfiguration;
import org.apache.hadoop.hbase.MasterNotRunningException;
import org.apache.hadoop.hbase.ZooKeeperConnectionException;
import org.apache.hadoop.hbase.client.Delete;
import org.apache.hadoop.hbase.client.HBaseAdmin;
import org.apache.hadoop.hbase.client.HTable;

public class DeleteDemo {
    static Configuration conf = null;
    static{
        conf = HBaseConfiguration.create();
        conf.set("hbase.rootdir", " hdfs://192.168.254.128:9000/hbase ");
        conf.set("hbase.master", "hdfs:// 192.168.254.128:60000");
        conf.set("hbase.zookeeper.property.clientPort", "2181");
        conf.set("hbase.zookeeper.quorum", "master,slave1,slave2");
    }

    public static boolean deleteQualifier(String tableName, String rowName, String columnFamilyName,
    String qualifierName) throws IOException {
        HBaseAdmin admin = new HBaseAdmin(conf);
        HTable table = new HTable(conf, tableName);
        if (admin.tableExists(tableName)) {
            try {
                Delete delete = new Delete(rowName.getBytes());
                delete.deleteColumns(columnFamilyName.getBytes(), qualifierName.getBytes());
                table.delete(delete);
            } catch (Exception e) {
                e.printStackTrace();
                System.out.println("delete error");
                return false;
            }
        }
        System.out.println("delete success");
        return true;
    }

    public static void main(String[] args) throws MasterNotRunningException, ZooKeeperConnection-
    Exception, IOException {
        deleteQualifier("stu", "rw001", "info", "name");
    }
}
```

删除前数据如图 6-18 所示，删除后数据如图 6-19 所示。

```
hbase(main):016:0> get 'stu', 'rw001'
COLUMN                      CELL
 grade:c                    timestamp=1517129126773, value=80
 info:name                  timestamp=1517129126515, value=zhangsan
2 row(s) in 0.4120 seconds
```

图 6-18　info 列删除前数据

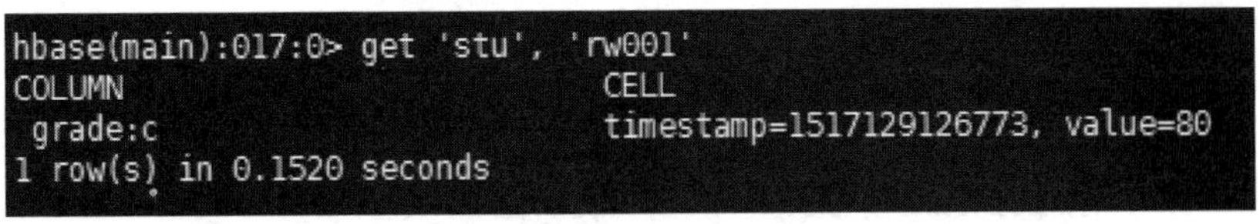

```
hbase(main):017:0> get 'stu', 'rw001'
COLUMN                          CELL
 grade:c                         timestamp=1517129126773, value=80
1 row(s) in 0.1520 seconds
```

图 6-19　info 列删除后数据

2. 删除指定行

删除指定行是在构造 Delete 对象的时候只传入行键，实现代码如下：

```
//删除指定的某个 rowkey
@Override
public void deleteColumn(String tableName, String rowKey) throws Exception {
    HTable htable=new HTable(conf, tableName);

    Delete de =new Delete(Bytes.toBytes(rowKey));
     htable.delete(de);

  }
//删除 row
  public static boolean deleteRow(String tableName, String rowName) throws IOException {
      HBaseAdmin admin = (HBaseAdmin) connection.getAdmin();
      Table table = connection.getTable(TableName.valueOf(tableName));
      if (admin.tableExists(tableName)) {
          try {
              Delete delete = new Delete(rowName.getBytes());
              table.delete(delete);
          } catch (Exception e) {
              e.printStackTrace();
              return false;
          }
      }
      return true;
  }
```

再查询 rw001 行数据就没有了，如图 6-20 所示。

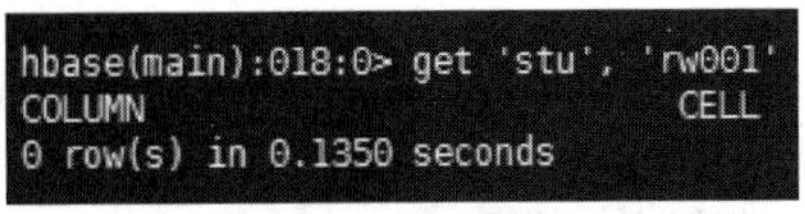

```
hbase(main):018:0> get 'stu', 'rw001'
COLUMN                          CELL
0 row(s) in 0.1350 seconds
```

图 6-20　rw001 行删除后数据

3. 删除表

删除表的时候要先停用再删除，否则会报如图 6-21 所示的错误。

```
Exception in thread "main" org.apache.hadoop.hbase.TableNotDisabledException: org.apache.hadoop.hbase.Tabl
        at org.apache.hadoop.hbase.master.HMaster.checkTableModifiable(HMaster.java:2070)
        at org.apache.hadoop.hbase.master.handler.TableEventHandler.prepare(TableEventHandler.java:83)
        at org.apache.hadoop.hbase.master.HMaster.deleteTable(HMaster.java:1816)
        at org.apache.hadoop.hbase.master.HMaster.deleteTable(HMaster.java:1826)
        at org.apache.hadoop.hbase.protobuf.generated.MasterProtos$MasterService$2.callBlockingMethod(Mast
        at org.apache.hadoop.hbase.ipc.RpcServer.call(RpcServer.java:2146)
        at org.apache.hadoop.hbase.ipc.RpcServer$Handler.run(RpcServer.java:1851)

        at sun.reflect.NativeConstructorAccessorImpl.newInstance0(Native Method)
        at sun.reflect.NativeConstructorAccessorImpl.newInstance(Unknown Source)
        at sun.reflect.DelegatingConstructorAccessorImpl.newInstance(Unknown Source)
        at java.lang.reflect.Constructor.newInstance(Unknown Source)
        at org.apache.hadoop.ipc.RemoteException.instantiateException(RemoteException.java:106)
        at org.apache.hadoop.ipc.RemoteException.unwrapRemoteException(RemoteException.java:95)
        at org.apache.hadoop.hbase.client.RpcRetryingCaller.translateException(RpcRetryingCaller.java:208)
        at org.apache.hadoop.hbase.client.RpcRetryingCaller.translateException(RpcRetryingCaller.java:219)
        at org.apache.hadoop.hbase.client.RpcRetryingCaller.callWithRetries(RpcRetryingCaller.java:123)
        at org.apache.hadoop.hbase.client.RpcRetryingCaller.callWithRetries(RpcRetryingCaller.java:94)
        at org.apache.hadoop.hbase.client.HBaseAdmin.executeCallable(HBaseAdmin.java:3124)
        at org.apache.hadoop.hbase.client.HBaseAdmin.deleteTable(HBaseAdmin.java:623)
        at org.apache.hadoop.hbase.client.HBaseAdmin.deleteTable(HBaseAdmin.java:605)
        at DeleteDemo3.dropTable(DeleteDemo3.java:24)
        at DeleteDemo3.main(DeleteDemo3.java:31)
Caused by: org.apache.hadoop.hbase.ipc.RemoteWithExtrasException(org.apache.hadoop.hbase.TableNotDisabledE
```

图 6-21　错误提示

实现代码如下：

```java
import java.io.IOException;
import org.apache.hadoop.conf.Configuration;
import org.apache.hadoop.hbase.HBaseConfiguration;
import org.apache.hadoop.hbase.MasterNotRunningException;
import org.apache.hadoop.hbase.ZooKeeperConnectionException;
import org.apache.hadoop.hbase.client.Delete;
import org.apache.hadoop.hbase.client.HBaseAdmin;
import org.apache.hadoop.hbase.client.HTable;

public class DeleteDemo3 {
    static Configuration conf = null;
    static{
        conf = HBaseConfiguration.create();
        conf.set("hbase.rootdir", " hdfs://192.168.254.128:9000/hbase ");
        conf.set("hbase.master", "hdfs:// 192.168.254.128:60000");
        conf.set("hbase.zookeeper.property.clientPort", "2181");
        conf.set("hbase.zookeeper.quorum", "master,slave1,slave2");
    }

    public static void dropTable(String tableName) throws Exception {
        HBaseAdmin admin=new HBaseAdmin(conf);
        if (admin.tableExists(tableName)) {
            admin.disableTable(tableName);
            admin.deleteTable(tableName);
        }
        System.out.println("delete success");

    }
```

```
public static void main(String[] args) throws Exception {
    dropTable("stu");
    }
}
```

如图 6-22 所示，可以看到 stu 表已不存在。

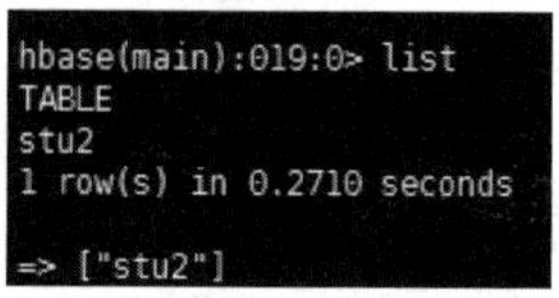

```
hbase(main):019:0> list
TABLE
stu2
1 row(s) in 0.2710 seconds

=> ["stu2"]
```

图 6-22　查询 stu 表删除结果

6.7　Scan 查询

扫描类似于关系型数据库的游标（Cursor），并利用到了 HBase 底层顺序存储的特性。使用扫描的一般步骤如下：

（1）创建 Scan 实例。

（2）为 Scan 实例增加扫描的限制条件。

（3）调用 HTable 的 getScanner()方法获取 ResultScanner 对象，如果通过 HTablePool 的方式，则是调用 HTablePool 的 getScanner 方法（注意，HTable 类实现了 HTableInterface 接口，这个接口用于与单个 HBase 表通信）。

（4）迭代 ResultScanner 对象中的 Result 对象访问扫描结果行。

Scan 类拥有以下构造器：

● Scan();

● Scan(byte[] startRow,Filter filter);

● Scan(byte[] startRow);

● Scan(byte[] startRow,byte[] stopRow);

这与 Get 类的不同是显而易见的：用户可以选择性地提供 startRow 参数来定义扫描读取 HBase 表的起始行键，即行键不是必须指定的，同时可选 stopRow 参数来限定读取到何处停止。起始行包括在内，而终止行不包括在内，一般用区间表示法表示为[startRow,stopRow)。

扫描操作的一个特点：用户提供的参数不必精确匹配这两行，扫描会匹配相等或大于给定的起始行的行键。如果没有显式地指定起始行，它会从表的起始位置开始获取数据。当遇到了与设置的终止行相同或大于终止行的行键时，扫描也会停止。如果没有指定终止行键，会扫描到表尾。

另一个可选参数叫做过滤器（Filter），可直接指向 Filter 实例。尽管 Scan 实例通常由空白构造器构造，但其所有可选参数都有对应的 getter 方法和 setter 方法。

扫描操作的使用跟 get()方法非常相似，但是由于扫描的工作方式类似于迭代器，所以用户无需调用 scan()方法创建实例，只需调用 HTable 的 getScanner()方法，此方法在返回真正的扫描器实例的同时，用户也可以使用它迭代获取数据。常用方法如下：

● ResultScanner getScanner(Scan scan) throws IOException

- ResultScanner getScanner(byte[] family) throws IOException
- ResultScanner getScanner(byte[] family,byte[] qualifier) throws IOException

后两个为了方便用户，隐式地帮用户创建了一个 Scan 实例，逻辑中最后调用 getScanner (Scan scan)方法。

创建 Scan 实例后，用户可能还要给它增加更多限制条件。这种情况下，用户可以使用空白参数的扫描，它可以读取整个表格，包括所有列族以及它们的所有列；也可以用多种方法限制要读取的数据：

- Scan addFamily(byte[] family)
- Scan addColumn(byte[] family,byte[] qualifier)

可以使用 addFamily()方法限制返回数据的列族，或者通过 addColumn()方法限制返回的列。如果用户只需要数据的子集，那么限制扫描的范围就能发挥 HBase 的优势。因为 HBase 中的数据是按列族存储的，如果扫描不读取某个列族，那么整个列族文件就都不会被读取，这就是列式存储架构的优势。

用户可以通过 setTimestamp()设置详细的时间戳，或者通过 setTimeRange()设置时间范围，进一步对结果进行限制。也可以使用 setMaxVersions()方法，让扫描只返回每一列的一些特定版本或者全部的版本。还可以使用 setStartRow()、setStopRow()和 setFilter()进一步限定返回的数据，这三个方法中的参数可以与构造器中的一样。

（1）Scan setTimeRange(long minStamp,long maxStamp) throws IOExcepiton

（2）Scan setTimeStamp(long timestamp)

（3）Scan setMaxVersions()

（4）Scan setMaxVersions(int maxVersions)

（5）Scan setStartRow(byte[] startRow)

（6）Scan setStopRow(byte[] stopRow)

（7）Scan setFilter(Filter filter)

（8）boolean hasFilter()

除了上述介绍的常用方法，Scan 类还有一些其他方法，如表 6-11 所示。

表 6-11　Scan 类的方法

方法	说明
getStartRow()/getStopRow()	查询当前设定的值
getTimeRange()	检索 Get 实例指定的时间范围或相关时间戳，当需要指定单个时间戳时，API 会在内部通过 setTimeStamp()将 TimeRange 实例的起止时间戳设为传入值，所以 Get 类中已经没有 getTimeStamp()方法了
getMaxVersions()	返回当前配置下应该从表中获取的每列的版本数
getFilter()	可以使用特定的过滤器实例，通过多种规则来筛选列和单元格。使用这个方法，用户可以设定或查看 Scan 实例的过滤器成员
setCacheBlocks()/getCacheBlocks()	每个 HBase 的 Region 服务器都有一个块缓存，可以有效地保存最近访问过的数据，并以此来加速之后相邻信息的读取。不过在某些情况下，例如通过全表扫描，最好能避免这种机制带来的扰动，这个方法能够控制本次读取的块缓存机制是否起效

续表

方法	说明
numFamilies()	快捷地获取 FamilyMap 大小的方法，包括用 addFamily() 和 addColumn()方法添加的列族和列
hasFamilies()	检查是否添加过列族和列
getFamilies/setFamilyMap()/getFamilyMap()	这些方法能够让用户直接访问 addFamily()和 addColumn()添加的列族和列。FamilyMap 中键是列族的名称，键对应的值是特定列族下列标识符的列表。getFamilies()方法返回一个只包含列族名的数组
getStartRow()/getStopRow()	查询当前设定的值

一旦设置好了 Scan 实例，就可以调用 HTable 的 getScanner()方法获得用于检索数据的 ResultScanner 实例。扫描操作的使用跟 get()方法非常相似，但是由于扫描的工作方式类似于迭代器，所以用户无需调用 scan()方法创建实例，只需调用 getScanner()方法，此方法在返回真正的扫描器实例的同时，用户也可以使用它迭代获取数据。常用方法如下：

● ResultScanner getScanner(Scan scan) throws IOException
● ResultScanner getScanner(byte[] family) throws IOException
● ResultScanner getScanner(byte[] family,byte[] qualifier) throws IOException

后两个为了方便用户，隐式地帮用户创建了一个 Scan 实例，逻辑中最后调用 getScanner(Scan scan)方法。getScanner(scan)返回的 Scanner 迭代器，每次调用 next 方法获取下一条记录的时候，默认配置下会访问一次 RegionServer，这在网络不是很好的情况下，对性能的影响是很大的，建议配置扫描器缓存。

扫描器缓存可以在 hbase.client.scanner.caching 配置项设置，默认情况下 HBase Scanner 一次从服务端抓取一条数据，通过将其设置成一个合理的值可以减少 Scan 过程中 next()的时间开销，代价是 Scanner 需要通过客户端的内存来维持这些被 Cache 的行记录。有三个地方可以对其进行配置：

（1）在 HBase 的 conf 配置文件中进行配置。

（2）通过调用 HTable.setScannerCaching(int scannerCaching)进行配置。

（3）通过调用 Scan.setCaching(int caching)进行配置。

这三者的优先级越来越高。设置扫描器缓存的大小就能控制每次 RPC 请求取回的行数了，但是扫描器缓存无疑会增加客户端和服务器端的内存消耗，用户需要在少量的 RPC 请求次数和客户端以及服务端内存消耗之间找到平衡点。如果扫描器缓存大小设置太大，每次 next 操作返回的时间就会变长，如果客户端的数据超过了堆的大小，就会得到一个 OutOfMemory-Exception。

对 stu2 表在 HBase Shell 中执行如下命令：

```
put 'stu2', 'rw002', 'info:name', 'lucy'
put 'stu2', 'rw002','info:age', '20'
put 'stu2', 'rw002','info:age', '25'
put 'stu2', 'rw003', 'info:name', 'zhangsan'
put 'stu2', 'rw003','info:age', '32'
put 'stu2', 'rw003','info:age', '36'
```

如图 6-23 所示添加数据。

```
hbase(main):021:0> put 'stu2', 'rw002', 'info:name', 'lucy'
0 row(s) in 0.6260 seconds

hbase(main):022:0> put 'stu2', 'rw002','info:age', '20'
0 row(s) in 0.1220 seconds

hbase(main):023:0> put 'stu2', 'rw002','info:age', '25'
0 row(s) in 0.0810 seconds

hbase(main):024:0> put 'stu2', 'rw003', 'info:name', 'zhangsan'
0 row(s) in 0.0900 seconds

hbase(main):025:0> put 'stu2', 'rw003','info:age', '32'
0 row(s) in 0.0980 seconds

hbase(main):026:0> put 'stu2', 'rw003','info:age', '36'
0 row(s) in 0.1250 seconds
```

图 6-23　向 stu2 表中添加数据

1. 扫描整个表

扫描整个表，只需构造一个 Scan 实例，并调用 HTable 的 getScanner()方法即可。
实现代码如下：

```java
import java.io.IOException;
import org.apache.hadoop.conf.Configuration;
import org.apache.hadoop.hbase.Cell;
import org.apache.hadoop.hbase.CellUtil;
import org.apache.hadoop.hbase.HBaseConfiguration;
import org.apache.hadoop.hbase.MasterNotRunningException;
import org.apache.hadoop.hbase.ZooKeeperConnectionException;
import org.apache.hadoop.hbase.client.HTable;
import org.apache.hadoop.hbase.client.Result;
import org.apache.hadoop.hbase.client.ResultScanner;
import org.apache.hadoop.hbase.client.Scan;

public class ScanDemo {
    static Configuration conf = null;
    static{
        conf = HBaseConfiguration.create();
        conf.set("hbase.rootdir", " hdfs://192.168.254.128:9000/hbase ");
        conf.set("hbase.master", "hdfs:// 192.168.254.128:60000");
        conf.set("hbase.zookeeper.property.clientPort", "2181");
        conf.set("hbase.zookeeper.quorum", "master,slave1,slave2");
    }

    public static ResultScanner queryByScan(String tableName) throws IOException{
        Scan scan = new Scan();
        HTable table = new HTable(conf, tableName);
        return table.getScanner(scan);
    }
```

```
public static void main(String[] args) throws MasterNotRunningException, ZooKeeperConnection-
Exception, IOException {
    ResultScanner scanner = queryByScan("stu2");
    System.out.println("COLUMN\t\t\tCELL ");
    for(Result result : scanner){
        Cell[] cells = result.rawCells();

        for(Cell cell : cells){
            System.out.print(new String(CellUtil.cloneFamily(cell)) + ":");
            System.out.print(new String(CellUtil.cloneQualifier(cell)) + "\t\t");
            System.out.print("value = " + new String(CellUtil.cloneValue(cell)) + ",");
            System.out.println("timestamp = " + cell.getTimestamp());
        }
    }
}
```

执行结果如图 6-24 所示。

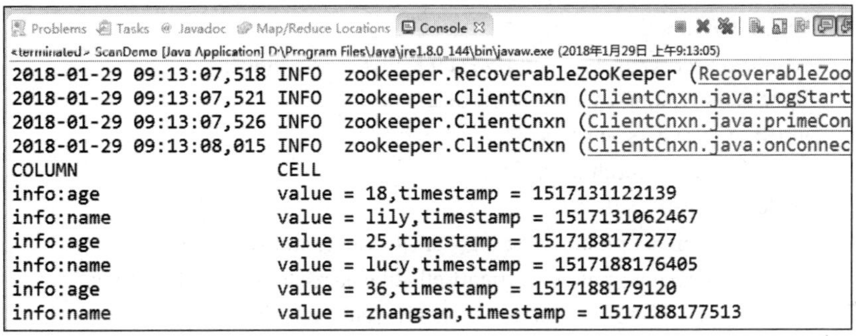

图 6-24　全表扫描结果

2. 扫描表的某个列族

扫描表的某个列族需要构造一个 Scan 实例，并为其设置需要扫描的列族，最后调用 HTable 的 getScanner()方法。

实现代码如下：

```
import java.io.IOException;
import org.apache.hadoop.conf.Configuration;
import org.apache.hadoop.hbase.Cell;
import org.apache.hadoop.hbase.CellUtil;
import org.apache.hadoop.hbase.HBaseConfiguration;
import org.apache.hadoop.hbase.MasterNotRunningException;
import org.apache.hadoop.hbase.ZooKeeperConnectionException;
import org.apache.hadoop.hbase.client.HTable;
import org.apache.hadoop.hbase.client.Result;
import org.apache.hadoop.hbase.client.ResultScanner;
import org.apache.hadoop.hbase.client.Scan;

public class ScanDemo2 {
```

```
static Configuration conf = null;
static{
    conf = HBaseConfiguration.create();
    conf.set("hbase.rootdir", " hdfs://192.168.254.128:9000/hbase ");
    conf.set("hbase.master", "hdfs:// 192.168.254.128:60000");
    conf.set("hbase.zookeeper.property.clientPort", "2181");
    conf.set("hbase.zookeeper.quorum", "master,slave1,slave2");
}

public static ResultScanner queryByScanFmaily(String tableName, String family) throws
IOException{
    Scan scan = new Scan();
    scan.addFamily(family.getBytes());
    HTable table = new HTable(conf, tableName);
    return table.getScanner(scan);
}

public static void main(String[] args) throws MasterNotRunningException, ZooKeeperConnection-
Exception, IOException {
    ResultScanner scanner = queryByScanFmaily("stu2", "info");
    System.out.println("COLUMN\t\t\tCELL ");
    for(Result result : scanner){
        Cell[] cells = result.rawCells();
        for(Cell cell : cells){
            System.out.print(new String(CellUtil.cloneFamily(cell)) + ":");
            System.out.print(new String(CellUtil.cloneQualifier(cell)) + "\t\t");
            System.out.print("value = " + new String(CellUtil.cloneValue(cell)) + ",");
            System.out.println("timestamp = " + cell.getTimestamp());
        }
    }
}
```

执行结果如图 6-25 所示。

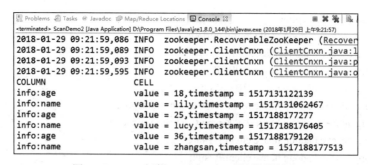

图 6-25　Scan 扫描 stu2 表 info 列族数据输出

3．扫描某列数据

扫描表的某列需要构造一个 Scan 实例，并为其设置需要扫描的列，最后调用 HTable 的

getScanner()方法。

实现代码如下：

```java
import java.io.IOException;
import org.apache.hadoop.conf.Configuration;
import org.apache.hadoop.hbase.Cell;
import org.apache.hadoop.hbase.CellUtil;
import org.apache.hadoop.hbase.HBaseConfiguration;
import org.apache.hadoop.hbase.MasterNotRunningException;
import org.apache.hadoop.hbase.ZooKeeperConnectionException;
import org.apache.hadoop.hbase.client.HTable;
import org.apache.hadoop.hbase.client.Result;
import org.apache.hadoop.hbase.client.ResultScanner;
import org.apache.hadoop.hbase.client.Scan;

public class ScanDemo3 {
    static Configuration conf = null;
    static{
        conf = HBaseConfiguration.create();
        conf.set("hbase.rootdir", " hdfs://192.168.254.128:9000/hbase ");
        conf.set("hbase.master", "hdfs:// 192.168.254.128:60000");
        conf.set("hbase.zookeeper.property.clientPort", "2181");
        conf.set("hbase.zookeeper.quorum", "master,slave1,slave2");
    }

    public static ResultScanner queryByScanQualifier(String tableName, String family, String qualifier)
    throws IOException{
        Scan scan = new Scan();
        scan.addColumn(family.getBytes(), qualifier.getBytes());
        HTable table = new HTable(conf, tableName);
        return table.getScanner(scan);
    }

    public static void main(String[] args) throws MasterNotRunningException, ZooKeeperConnection-
    Exception, IOException {
        ResultScanner scanner = queryByScanQualifier("stu2", "info", "name");
        System.out.println("COLUMN\t\t\tCELL ");
        for(Result result : scanner){
            Cell[] cells = result.rawCells();
            for(Cell cell : cells){
                System.out.print(new String(CellUtil.cloneFamily(cell)) + ":");
                System.out.print(new String(CellUtil.cloneQualifier(cell)) + "\t\t");
                System.out.print("value = " + new String(CellUtil.cloneValue(cell)) + ",");
                System.out.println("timestamp = " + cell.getTimestamp());
            }
        }
    }
}
```

执行结果如图 6-26 所示。

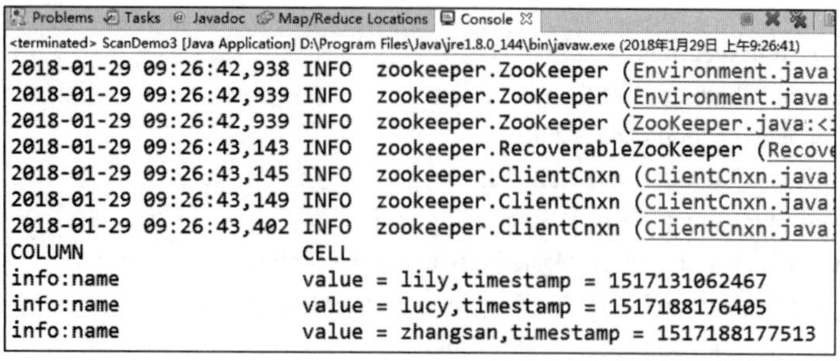

图 6-26　Scan 扫描 stu2 表 info 列族 name 列数据输出

4. 扫描全表并设置起始结束行键

在构造 Scan 实例后，通过 scan.setStartRow 和 scan.setStopRow 方法设置起始结束行键。
实现代码如下：

```java
import java.io.IOException;
import org.apache.hadoop.conf.Configuration;
import org.apache.hadoop.hbase.Cell;
import org.apache.hadoop.hbase.CellUtil;
import org.apache.hadoop.hbase.HBaseConfiguration;
import org.apache.hadoop.hbase.MasterNotRunningException;
import org.apache.hadoop.hbase.ZooKeeperConnectionException;
import org.apache.hadoop.hbase.client.HTable;
import org.apache.hadoop.hbase.client.Result;
import org.apache.hadoop.hbase.client.ResultScanner;
import org.apache.hadoop.hbase.client.Scan;

public class ScanDemo4 {
    static Configuration conf = null;
    static{
        conf = HBaseConfiguration.create();
        conf.set("hbase.rootdir", " hdfs://192.168.254.128:9000/hbase ");
        conf.set("hbase.master", "hdfs:// 192.168.254.128:60000");
        conf.set("hbase.zookeeper.property.clientPort", "2181");
        conf.set("hbase.zookeeper.quorum", "master,slave1,slave2");
    }

    public static ResultScanner queryByScanRowKey(String tableName, String startRow, String stopRow)
    throws IOException{
        Scan scan = new Scan();
        scan.setStartRow(startRow.getBytes());
        scan.setStopRow(stopRow.getBytes());
        HTable table = new HTable(conf, tableName);
        return table.getScanner(scan);
    }
```

```
public static void main(String[] args) throws MasterNotRunningException, ZooKeeperConnection-
Exception, IOException {
    ResultScanner scanner = queryByScanRowKey("stu2", "rw001", "rw003");
    System.out.println("COLUMN\t\t\tCELL ");
    for(Result result : scanner){
        Cell[] cells = result.rawCells();
        for(Cell cell : cells){
            System.out.print(new String(CellUtil.cloneFamily(cell)) + ":");
            System.out.print(new String(CellUtil.cloneQualifier(cell)) + "\t\t");
            System.out.print("value = " + new String(CellUtil.cloneValue(cell)) + ",");
            System.out.println("timestamp = " + cell.getTimestamp());
        }
    }
}
```

执行结果如图 6-27 所示。

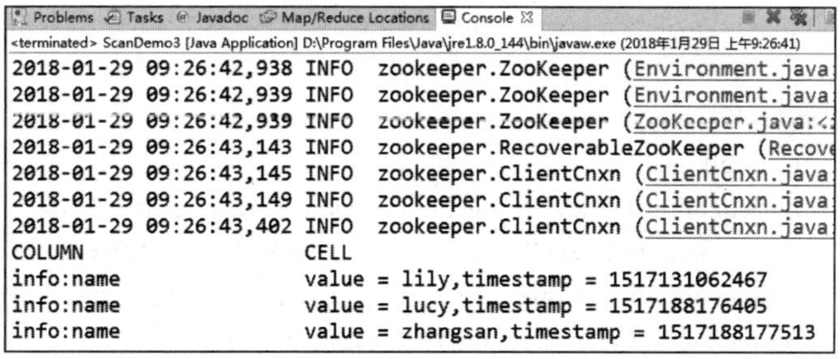

图 6-27　Scan 扫描 stu2 表 rw001～rw003 行数据

5. 扫描全表历史版本数据

扫描历史版本数据，只需调用 Scan 类的 setMaxVersions 方法，并为其设置要扫描的历史版本数即可。

实现代码如下：

```
import java.io.IOException;
import org.apache.hadoop.conf.Configuration;
import org.apache.hadoop.hbase.Cell;
import org.apache.hadoop.hbase.CellUtil;
import org.apache.hadoop.hbase.HBaseConfiguration;
import org.apache.hadoop.hbase.MasterNotRunningException;
import org.apache.hadoop.hbase.ZooKeeperConnectionException;
import org.apache.hadoop.hbase.client.HTable;
import org.apache.hadoop.hbase.client.Result;
import org.apache.hadoop.hbase.client.ResultScanner;
import org.apache.hadoop.hbase.client.Scan;

public class ScanDemo5 {
    static Configuration conf = null;
    static{
```

```
        conf = HBaseConfiguration.create();
        conf.set("hbase.rootdir", " hdfs://192.168.254.128:9000/hbase ");
        conf.set("hbase.master", "hdfs:// 192.168.254.128:60000");
        conf.set("hbase.zookeeper.property.clientPort", "2181");
        conf.set("hbase.zookeeper.quorum", "master,slave1,slave2");
    }

    public static ResultScanner queryByScanVersion(String tableName, int version) throws IOException{
        Scan scan = new Scan();
        scan.setMaxVersions(version);
        HTable table = new HTable(conf, tableName);
        return table.getScanner(scan);
    }

    public static void main(String[] args) throws MasterNotRunningException, ZooKeeperConnection-
    Exception, IOException {
        ResultScanner scanner = queryByScanVersion("stu2", 3);
        System.out.println("COLUMN\t\t\tCELL ");
        for(Result result : scanner){
            Cell[] cells = result.rawCells();
            for(Cell cell : cells){
                System.out.print(new String(CellUtil.cloneFamily(cell)) + ":");
                System.out.print(new String(CellUtil.cloneQualifier(cell)) + "\t\t");
                System.out.print("value = " + new String(CellUtil.cloneValue(cell)) + ",");
                System.out.println("timestamp = " + cell.getTimestamp());
            }
        }
    }
}
```

执行结果如图 6-28 所示。

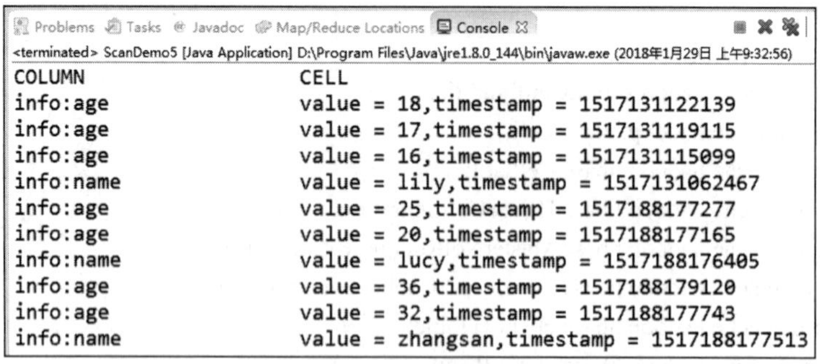

图 6-28　Scan 扫描 stu2 表历史 3 个版本数据

6.8　Filter 过滤

HBase 为筛选数据提供了一组过滤器，通过这组过滤器可以在 HBase 中数据的多个维度

（行、列、数据版本）上对数据进行筛选操作，也就是说过滤器最终筛选的数据能够细化到具体的一个存储单元格上（由行键、列名、时间戳定位）。通常来说，通过行键值来筛选数据的应用场景较多。

1. RowFilter

筛选出匹配的所有行，对于这个过滤器的应用场景是非常直观的：使用 BinaryComparator 可以筛选出具有某个行键的行，或者通过改变比较运算符（下面的例子中是 CompareFilter. CompareOp.EQUAL）来筛选出符合某一条件的多条数据，以下就是筛选出行键为 rw001 的一行数据：

```
Filter rf = new RowFilter(CompareFilter.CompareOp.EQUAL, new BinaryComparator
(Bytes.toBytes("rw001")));    /筛选出匹配的所有的行
```

2. PrefixFilter

筛选出具有特定前缀的行键的数据。这个过滤器所实现的功能其实也可以由 RowFilter 结合 RegexComparator 来实现，不过这里提供了一种简便的使用方法，以下过滤器就是筛选出行键以 rw 为前缀的所有的行：

```
Filter pf = new PrefixFilter(Bytes.toBytes("rw"));    //筛选匹配行键的前缀成功的行
```

3. KeyOnlyFilter

这个过滤器唯一的功能就是返回每行的行键，值全部为空，这对于只关注于行键的应用场景来说非常合适，这样忽略掉其值就可以减少传递到客户端的数据量，能起到一定的优化作用：

```
Filter kof = new KeyOnlyFilter();    //返回所有的行，但值全为空
```

4. RandomRowFilter

从名字上就可以看出其大概的用法，本过滤器的作用就是按照一定的概率（≤0 会过滤掉所有的行，≥1 会包含所有的行）来返回随机的结果集，对于同样的数据集，多次使用同一个 RandomRowFilter 会返回不同的结果集，如果需要随机抽取一部分数据的应用场景，可以使用此过滤器。

```
Filter rrf = new RandomRowFilter((float) 0.8);    //随机选出一部分的行
```

5. InclusiveStopFilter

扫描的时候，我们可以设置一个开始行键和一个终止行键，默认情况下，这个行键的返回是前闭后开区间，即包含起始行，但不包含终止行，如果我们想要同时包含起始行和终止行，那么可以使用如下过滤器：

```
Filter isf = new InclusiveStopFilter(Bytes.toBytes("rw001"));    //包含了扫描的上限在结果之内
```

6. FirstKeyOnlyFilter

如果想返回的结果集中只包含第一列的数据，那么这个过滤器能够满足要求。它在找到每行的第一列之后会停止扫描，从而使扫描的性能也得到了一定的提升。

```
Filter fkof = new FirstKeyOnlyFilter();    //筛选出每行的第一列
```

7. ColumnPrefixFilter

顾名思义，它是按照列名的前缀来筛选单元格的，如果我们想要对返回的列的前缀加以限制的话，可以使用这个过滤器。

```
Filter cpf = new ColumnPrefixFilter(Bytes.toBytes("name"));    //筛选出前缀匹配的列
```

8. ValueFilter

按照具体的值来筛选单元格的过滤器，这会把一行中值不能满足的单元格过滤掉，例如下面的构造器，对于每一行的一个列，如果其对应的值不包含 grade，那么这个列就不会返回给客户端。

```
//筛选某个（值的条件满足的）特定的单元格
Filter vf = new ValueFilter(CompareFilter.CompareOp.EQUAL, new SubstringComparator("grade"));
```

9. ColumnCountGetFilter

这个过滤器用来返回每行最多返回多少列，并在遇到一行的列数超过我们所设置的限制值的时候结束扫描操作。

```
//如果突然发现一行中的列数超过设定的最大值，则整个扫描操作会停止
Filter ccf = new ColumnCountGetFilter(2);
```

10. SingleColumnValueFilter

用一列的值决定这一行的数据是否被过滤。在它的具体对象上，可以调用 setFilterIfMissing(true) 或 setFilterIfMissing(false)，默认的值是 false。其作用是对于要使用作为条件的列，如果这一列本身就不存在，那么如果为 true，这样的行将会被过滤掉；如果为 false，这样的行会包含在结果集中。

```
SingleColumnValueFilter scvf = new SingleColumnValueFilter(
        Bytes.toBytes("info"),
        Bytes.toBytes("name"),
        CompareFilter.CompareOp.NOT_EQUAL,
        new SubstringComparator("BOGUS"));
scvf.setFilterIfMissing(false);
scvf.setLatestVersionOnly(true);
```

11. SingleColumnValueExcludeFilter

这个与第 10 个过滤器的唯一区别就是，作为筛选条件的列不会包含在返回的结果中。

12. SkipFilter

这是一种附加过滤器，它与 ValueFilter 结合使用，如果发现一行中的某一列不符合条件，那么整行就会被过滤掉。

```
Filter skf = new SkipFilter(vf);       //发现某一行中的一列需要过滤时，整个行就会被过滤掉
```

13. WhileMatchFilter

这个过滤器的应用场景也很简单，如果想要在遇到符合某种条件的数据之前的数据时，就可以使用这个过滤器；当遇到不符合设定条件的数据的时候，整个扫描也就结束了。

```
Filter wmf = new WhileMatchFilter(rf);       //类似于 Python itertools 中的 takewhile
```

14. FilterList

用于综合使用多个过滤器。其有两种关系：FilterList.Operator.MUST_PASS_ONE 和 FilterList.Operator.MUST_PASS_ALL，默认的是 FilterList.Operator.MUST_PASS_ALL，顾名思义，它们分别是 AND 和 OR 的关系，并且 FilterList 可以嵌套使用，使我们能够表达更多的需求。

```
List<Filter> filters = new ArrayList<Filter>();
filters.add(rf);
filters.add(vf);
//综合使用多个过滤器，AND 和 OR 两种关系
FilterList fl = new FilterList(FilterList.Operator.MUST_PASS_ALL, filters);
```

例 1：RowFilter

筛选出行键为 rw001 的数据，实现代码如下：

```
import java.io.IOException;
import org.apache.hadoop.conf.Configuration;
import org.apache.hadoop.hbase.Cell;
import org.apache.hadoop.hbase.CellUtil;
import org.apache.hadoop.hbase.HBaseConfiguration;
import org.apache.hadoop.hbase.client.HTable;
import org.apache.hadoop.hbase.client.Result;
import org.apache.hadoop.hbase.client.ResultScanner;
import org.apache.hadoop.hbase.client.Scan;
import org.apache.hadoop.hbase.filter.BinaryComparator;
import org.apache.hadoop.hbase.filter.CompareFilter;
import org.apache.hadoop.hbase.filter.Filter;
import org.apache.hadoop.hbase.filter.RowFilter;
import org.apache.hadoop.hbase.util.Bytes;

public class FilterDemo1 {

    static Configuration conf = null;
    static{
        conf = HBaseConfiguration.create();
        conf.set("hbase.rootdir", " hdfs://192.168.254.128:9000/hbase ");
        conf.set("hbase.master", "hdfs:// 192.168.254.128:60000");
        conf.set("hbase.zookeeper.property.clientPort", "2181");
        conf.set("hbase.zookeeper.quorum", "master,slave1,slave2");
    }

    public static void main(String[] args) throws IOException, IllegalAccessException {
        HTable table = new HTable(conf, "stu2");
        table.setAutoFlushTo(false);

        Scan scan1 = new Scan();
        Filter rf = new RowFilter(CompareFilter.CompareOp.EQUAL, new BinaryComparator
        (Bytes.toBytes("rw001")));        //筛选出匹配的所有行
        scan1.setFilter(rf);
        ResultScanner scanner1 = table.getScanner(scan1);

        for(Result res : scanner1){
            for(Cell cell : res.rawCells()){
                System.out.print(new String(CellUtil.cloneFamily(cell)) + ":");
            System.out.print(new String(CellUtil.cloneQualifier(cell)) + "\t\t");
            System.out.print("value = " + new String(CellUtil.cloneValue(cell)) + ",");
            System.out.println("timestamp = " + cell.getTimestamp());
            }
            System.out.println("-----------------------------------------------------------");
```

```
                }
            scanner1.close();
            table.close();
        }
    }
```

执行结果如图 6-29 所示。

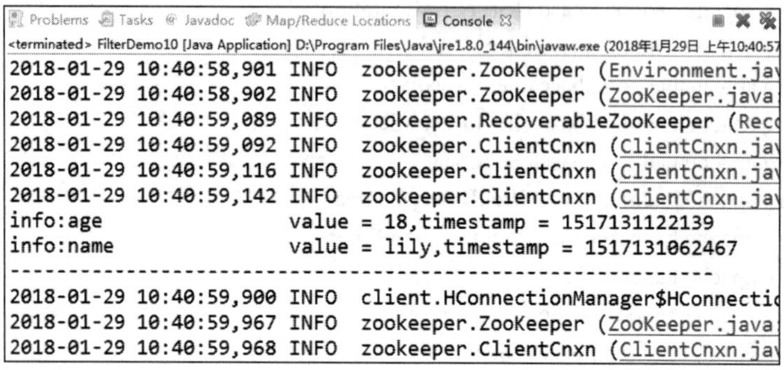

图 6-29　RowFilter 运行结果输出

例 2：PrefixFilter

筛选出行键前缀为 rw 的数据，实现代码如下：

```java
import java.io.IOException;
import org.apache.hadoop.conf.Configuration;
import org.apache.hadoop.hbase.Cell;
import org.apache.hadoop.hbase.CellUtil;
import org.apache.hadoop.hbase.HBaseConfiguration;
import org.apache.hadoop.hbase.client.HTable;
import org.apache.hadoop.hbase.client.Result;
import org.apache.hadoop.hbase.client.ResultScanner;
import org.apache.hadoop.hbase.client.Scan;
import org.apache.hadoop.hbase.filter.Filter;
import org.apache.hadoop.hbase.filter.PrefixFilter;
import org.apache.hadoop.hbase.util.Bytes;

public class FilterDemo2 {

    static Configuration conf = null;
    static{
        conf = HBaseConfiguration.create();
        conf.set("hbase.rootdir", " hdfs://192.168.254.128:9000/hbase ");
        conf.set("hbase.master", "hdfs:// 192.168.254.128:60000");
        conf.set("hbase.zookeeper.property.clientPort", "2181");
        conf.set("hbase.zookeeper.quorum", "master,slave1,slave2");
    }

    public static void main(String[] args) throws IOException, IllegalAccessException {
        HTable table = new HTable(conf, "stu2");
```

```
table.setAutoFlushTo(false);

Scan scan1 = new Scan();
Filter pf = new PrefixFilter(Bytes.toBytes("rw"));       //筛选匹配行键的前缀成功的行
scan1.setFilter(pf);
ResultScanner scanner1 = table.getScanner(scan1);

for(Result res : scanner1){
    for(Cell cell : res.rawCells()){
        System.out.print(new String(CellUtil.cloneFamily(cell)) + ":");
        System.out.print(new String(CellUtil.cloneQualifier(cell)) + "\t\t");
        System.out.print("value = " + new String(CellUtil.cloneValue(cell)) + ",");
        System.out.println("timestamp = " + cell.getTimestamp());
    }
    System.out.println("-----------------------------------------------------------");
}
scanner1.close();
table.close();
    }
}
```

执行结果如图 6-30 所示。

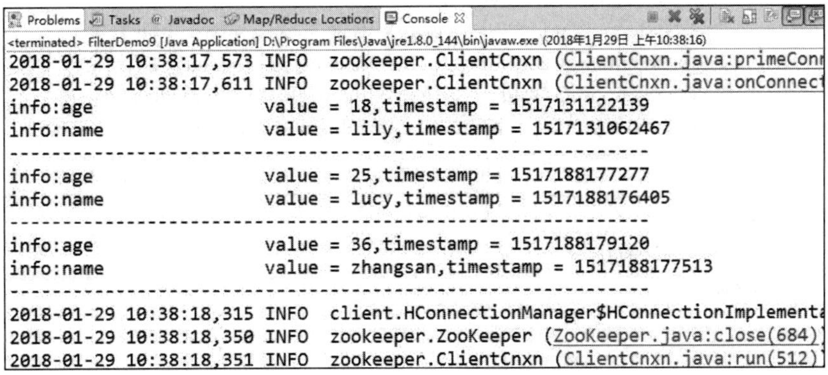

图 6-30　PrefixFilter 运行结果输出

例 3：KeyOnlyFilter

返回所有的行，但值全是空，实现代码如下：

```
import java.io.IOException;
import org.apache.hadoop.conf.Configuration;
import org.apache.hadoop.hbase.Cell;
import org.apache.hadoop.hbase.CellUtil;
import org.apache.hadoop.hbase.HBaseConfiguration;
import org.apache.hadoop.hbase.client.HTable;
import org.apache.hadoop.hbase.client.Result;
import org.apache.hadoop.hbase.client.ResultScanner;
import org.apache.hadoop.hbase.client.Scan;
import org.apache.hadoop.hbase.filter.Filter;
```

```
import org.apache.hadoop.hbase.filter.KeyOnlyFilter;

public class FilterDemo3 {

    static Configuration conf = null;
    static{
        conf = HBaseConfiguration.create();
        conf.set("hbase.rootdir", " hdfs://192.168.254.128:9000/hbase ");
        conf.set("hbase.master", "hdfs:// 192.168.254.128:60000");
        conf.set("hbase.zookeeper.property.clientPort", "2181");
        conf.set("hbase.zookeeper.quorum", "master,slave1,slave2");
    }

    public static void main(String[] args) throws IOException, IllegalAccessException {
        HTable table = new HTable(conf, "stu2");
        table.setAutoFlushTo(false);

        Scan scan1 = new Scan();
        Filter kof = new KeyOnlyFilter();        //返回所有的行，但值全是空
        scan1.setFilter(kof);
        ResultScanner scanner1 = table.getScanner(scan1);

        for(Result res : scanner1){
            for(Cell cell : res.rawCells()){
                System.out.print(new String(CellUtil.cloneFamily(cell)) + ":");
                System.out.print(new String(CellUtil.cloneQualifier(cell)) + "\t\t");
                System.out.print("value = " + new String(CellUtil.cloneValue(cell)) + ",");
                System.out.println("timestamp = " + cell.getTimestamp());
            }
            System.out.println("-------------------------------------------------------");
        }
        scanner1.close();
        table.close();
    }
}
```

执行结果如图 6-31 所示。

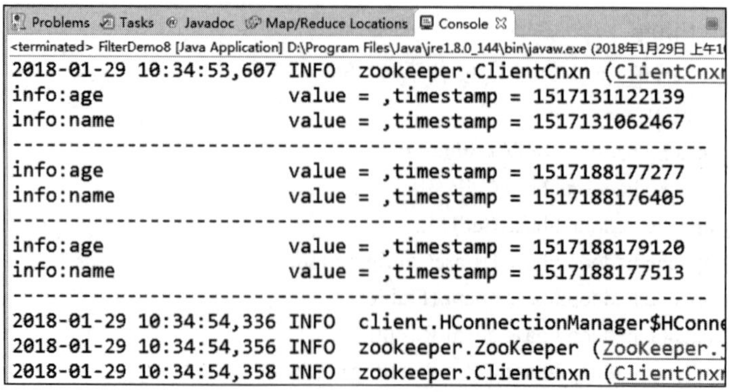

图 6-31　KeyOnlyFilter 运行结果输出

例 4：RandomRowFilter

随机选出一部分行数据，实现代码如下：

```
import java.io.IOException;
import org.apache.hadoop.conf.Configuration;
import org.apache.hadoop.hbase.Cell;
import org.apache.hadoop.hbase.CellUtil;
import org.apache.hadoop.hbase.HBaseConfiguration;
import org.apache.hadoop.hbase.client.HTable;
import org.apache.hadoop.hbase.client.Result;
import org.apache.hadoop.hbase.client.ResultScanner;
import org.apache.hadoop.hbase.client.Scan;
import org.apache.hadoop.hbase.filter.Filter;
import org.apache.hadoop.hbase.filter.RandomRowFilter;

public class FilterDemo4 {

    static Configuration conf = null;
    static{
        conf = HBaseConfiguration.create();
        conf.set("hbase.rootdir", " hdfs://192.168.254.128:9000/hbase ");
        conf.set("hbase.master", "hdfs:// 192.168.254.128:60000");
        conf.set("hbase.zookeeper.property.clientPort", "2181");
        conf.set("hbase.zookeeper.quorum", "master,slave1,slave2");
    }

    public static void main(String[] args) throws IOException, IllegalAccessException {
        HTable table = new HTable(conf, "stu2");
        table.setAutoFlushTo(false);

        Scan scan1 = new Scan();
        Filter rrf = new RandomRowFilter((float) 0.8); // OK  随机选出一部分的行
        scan1.setFilter(rrf);
        ResultScanner scanner1 = table.getScanner(scan1);

        for(Result res : scanner1){
            for(Cell cell : res.rawCells()){
                System.out.print(new String(CellUtil.cloneFamily(cell)) + ":");
                System.out.print(new String(CellUtil.cloneQualifier(cell)) + "\t\t");
                System.out.print("value = " + new String(CellUtil.cloneValue(cell)) + ",");
                System.out.println("timestamp = " + cell.getTimestamp());
                }
            System.out.println("-------------------------------------------------------------");
        }
        scanner1.close();
        table.close();
    }
}
```

执行结果如图 6-32 所示。

```
Problems  Tasks  @ Javadoc  Map/Reduce Locations  Console ⋈                   ⬛ ✖ ⬛ | ⬛ ⬛
<terminated> FilterDemo7 [Java Application] D:\Program Files\Java\jre1.8.0_144\bin\javaw.exe (2018年1月29日 上午10:30:56)
2018-01-29 10:30:57,352 INFO    zookeeper.RecoverableZooKeeper (Recoverab
2018-01-29 10:30:57,358 INFO    zookeeper.ClientCnxn (ClientCnxn.java:log
2018-01-29 10:30:57,388 INFO    zookeeper.ClientCnxn (ClientCnxn.java:pri
2018-01-29 10:30:57,420 INFO    zookeeper.ClientCnxn (ClientCnxn.java:onC
info:age                        value = 18,timestamp = 1517131122139
info:name                       value = lily,timestamp = 1517131062467
------------------------------------------------------------------------
info:age                        value = 25,timestamp = 1517188177277
info:name                       value = lucy,timestamp = 1517188176405
------------------------------------------------------------------------
2018-01-29 10:30:58,249 INFO    client.HConnectionManager$HConnectionImpl
2018-01-29 10:30:58,261 INFO    zookeeper.ZooKeeper (ZooKeeper.java:close
2018-01-29 10:30:58,262 INFO    zookeeper.ClientCnxn (ClientCnxn.java:run
```

图 6-32　RandomRowFilter 运行结果输出

例 5：InclusiveStopFilter

筛选出行键小于等于 rw001 的数据，实现代码如下：

```java
import java.io.IOException;
import org.apache.hadoop.conf.Configuration;
import org.apache.hadoop.hbase.Cell;
import org.apache.hadoop.hbase.CellUtil;
import org.apache.hadoop.hbase.HBaseConfiguration;
import org.apache.hadoop.hbase.client.HTable;
import org.apache.hadoop.hbase.client.Result;
import org.apache.hadoop.hbase.client.ResultScanner;
import org.apache.hadoop.hbase.client.Scan;
import org.apache.hadoop.hbase.filter.Filter;
import org.apache.hadoop.hbase.filter.InclusiveStopFilter;
import org.apache.hadoop.hbase.util.Bytes;

public class FilterDemo5 {

    static Configuration conf = null;
    static{
        conf = HBaseConfiguration.create();
        conf.set("hbase.rootdir", " hdfs://192.168.254.128:9000/hbase ");
        conf.set("hbase.master", "hdfs:// 192.168.254.128:60000");
        conf.set("hbase.zookeeper.property.clientPort", "2181");
        conf.set("hbase.zookeeper.quorum", "master,slave1,slave2");
    }

    public static void main(String[] args) throws IOException, IllegalAccessException {
        HTable table = new HTable(conf, "stu2");
        table.setAutoFlushTo(false);

        Scan scan1 = new Scan();
```

```
Filter isf = new InclusiveStopFilter(Bytes.toBytes("rw001"));    //包含了扫描的上限在结果之内
scan1.setFilter(isf);
ResultScanner scanner1 = table.getScanner(scan1);

for(Result res : scanner1){
    for(Cell cell : res.rawCells()){
        System.out.print(new String(CellUtil.cloneFamily(cell)) + ":");
        System.out.print(new String(CellUtil.cloneQualifier(cell)) + "\t\t");
        System.out.print("value = " + new String(CellUtil.cloneValue(cell)) + ",");
        System.out.println("timestamp = " + cell.getTimestamp());
    }
    System.out.println("-----------------------------------------------------------");
}
scanner1.close();
table.close();
    }
}
```

执行结果如图 6-33 所示。

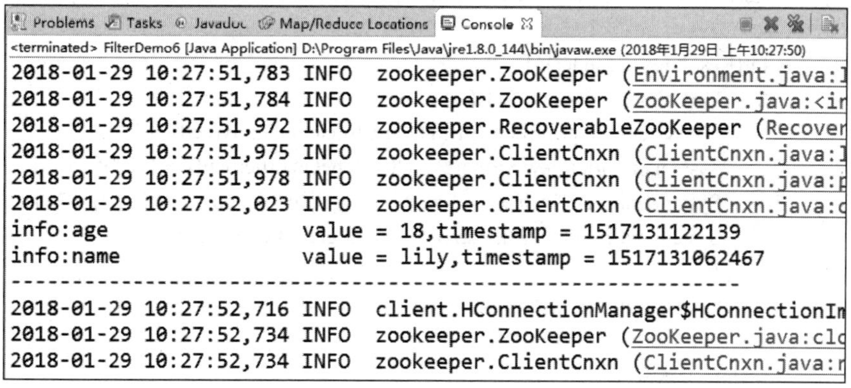

图 6-33　InclusiveStopFilter 运行结果输出

例 6：FirstKeyOnlyFilter

筛选出每个第一个单元格，实现代码如下：

```
import java.io.IOException;
import org.apache.hadoop.conf.Configuration;
import org.apache.hadoop.hbase.Cell;
import org.apache.hadoop.hbase.CellUtil;
import org.apache.hadoop.hbase.HBaseConfiguration;
import org.apache.hadoop.hbase.client.HTable;
import org.apache.hadoop.hbase.client.Result;
import org.apache.hadoop.hbase.client.ResultScanner;
import org.apache.hadoop.hbase.client.Scan;
import org.apache.hadoop.hbase.filter.Filter;
import org.apache.hadoop.hbase.filter.FirstKeyOnlyFilter;
```

```
public class FilterDemo6 {

    static Configuration conf = null;
    static{
        conf = HBaseConfiguration.create();
        conf.set("hbase.rootdir", " hdfs://192.168.254.128:9000/hbase ");
        conf.set("hbase.master", "hdfs:// 192.168.254.128:60000");
        conf.set("hbase.zookeeper.property.clientPort", "2181");
        conf.set("hbase.zookeeper.quorum", "master,slave1,slave2");
    }

    public static void main(String[] args) throws IOException, IllegalAccessException {
        HTable table = new HTable(conf, "stu2");
        table.setAutoFlushTo(false);

        Scan scan1 = new Scan();
        Filter fkof = new FirstKeyOnlyFilter();        //筛选出每个第一个单元格
        scan1.setFilter(fkof);
        ResultScanner scanner1 = table.getScanner(scan1);

        for(Result res : scanner1){
            for(Cell cell : res.rawCells()){
                System.out.print(new String(CellUtil.cloneFamily(cell)) + ":");
                System.out.print(new String(CellUtil.cloneQualifier(cell)) + "\t\t");
                System.out.print("value = " + new String(CellUtil.cloneValue(cell)) + ",");
                System.out.println("timestamp = " + cell.getTimestamp());
            }
            System.out.println("----------------------------------------------------------");
        }
        scanner1.close();
        table.close();
    }
}
```

执行结果如图 6-34 所示。

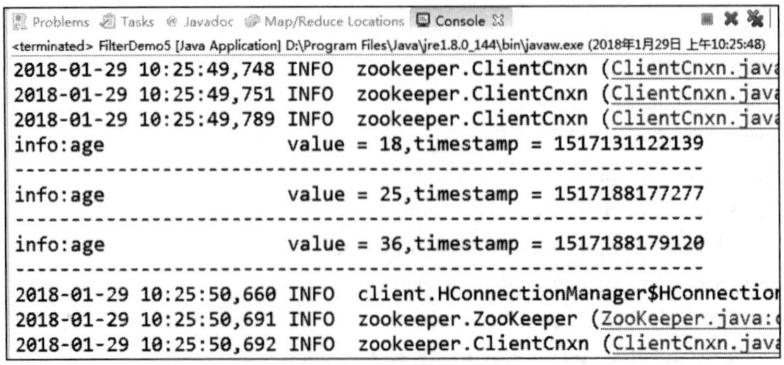

图 6-34　FirstKeyOnlyFilter 运行结果输出

例 7：ColumnPrefixFilter

筛选出列的前缀为 age 的数据，实现代码如下：

```java
import java.io.IOException;
import org.apache.hadoop.conf.Configuration;
import org.apache.hadoop.hbase.Cell;
import org.apache.hadoop.hbase.CellUtil;
import org.apache.hadoop.hbase.HBaseConfiguration;
import org.apache.hadoop.hbase.client.HTable;
import org.apache.hadoop.hbase.client.Result;
import org.apache.hadoop.hbase.client.ResultScanner;
import org.apache.hadoop.hbase.client.Scan;
import org.apache.hadoop.hbase.filter.ColumnPrefixFilter;
import org.apache.hadoop.hbase.filter.Filter;
import org.apache.hadoop.hbase.util.Bytes;

public class FilterDemo7 {

    static Configuration conf = null;
    static{
        conf = HBaseConfiguration.create();
        conf.set("hbase.rootdir", " hdfs://192.168.254.128:9000/hbase ");
        conf.set("hbase.master", "hdfs:// 192.168.254.128:60000");
        conf.set("hbase.zookeeper.property.clientPort", "2181");
        conf.set("hbase.zookeeper.quorum", "master,slave1,slave2");
    }

    public static void main(String[] args) throws IOException, IllegalAccessException {
        HTable table = new HTable(conf, "stu2");
        table.setAutoFlushTo(false);

        Scan scan1 = new Scan();
        Filter cpf = new ColumnPrefixFilter(Bytes.toBytes("age"));        //筛选出前缀匹配的列

        scan1.setFilter(cpf);
        ResultScanner scanner1 = table.getScanner(scan1);

        for(Result res : scanner1){
            for(Cell cell : res.rawCells()){
                System.out.print(new String(CellUtil.cloneFamily(cell)) + ":");
                System.out.print(new String(CellUtil.cloneQualifier(cell)) + "\t\t");
                System.out.print("value = " + new String(CellUtil.cloneValue(cell)) + ",");
                System.out.println("timestamp = " + cell.getTimestamp());
            }
            System.out.println("-----------------------------------------------------------");
        }
        scanner1.close();
```

```
            table.close();
        }
    }
```

执行结果如图 6-35 所示。

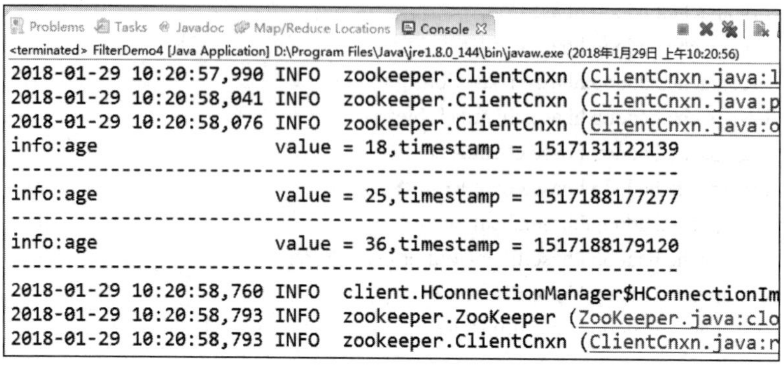

图 6-35 ColumnPrefixFilter 运行结果输出

例 8：ValueFilter

筛选出值为 lucy 的单元格，实现代码如下：

```java
import java.io.IOException;
import org.apache.hadoop.conf.Configuration;
import org.apache.hadoop.hbase.Cell;
import org.apache.hadoop.hbase.CellUtil;
import org.apache.hadoop.hbase.HBaseConfiguration;
import org.apache.hadoop.hbase.client.HTable;
import org.apache.hadoop.hbase.client.Result;
import org.apache.hadoop.hbase.client.ResultScanner;
import org.apache.hadoop.hbase.client.Scan;
import org.apache.hadoop.hbase.filter.CompareFilter;
import org.apache.hadoop.hbase.filter.Filter;
import org.apache.hadoop.hbase.filter.ValueFilter;
import org.apache.hadoop.hbase.filter.SubstringComparator;

public class FilterDemo8 {

    static Configuration conf = null;
    static{
        conf = HBaseConfiguration.create();
        conf.set("hbase.rootdir", " hdfs://192.168.254.128:9000/hbase ");
        conf.set("hbase.master", "hdfs:// 192.168.254.128:60000");
        conf.set("hbase.zookeeper.property.clientPort", "2181");
        conf.set("hbase.zookeeper.quorum", "master,slave1,slave2");
    }

    public static void main(String[] args) throws IOException, IllegalAccessException {
        HTable table = new HTable(conf, "stu2");
```

```
        table.setAutoFlushTo(false);

        Scan scan1 = new Scan();
        Filter vf = new ValueFilter(CompareFilter.CompareOp.EQUAL, new
        SubstringComparator("lucy"));        //筛选某个（值的条件满足的）特定的单元格
        scan1.setFilter(vf);
        ResultScanner scanner1 = table.getScanner(scan1);

        for(Result res : scanner1){
            for(Cell cell : res.rawCells()){
                System.out.print(new String(CellUtil.cloneFamily(cell)) + ":");
                System.out.print(new String(CellUtil.cloneQualifier(cell)) + "\t\t");
                System.out.print("value = " + new String(CellUtil.cloneValue(cell)) + ",");
                System.out.println("timestamp = " + cell.getTimestamp());
            }
            System.out.println("-----------------------------------------------------");
        }
        scanner1.close();
        table.close();

    }

}
```

执行结果如图 6-36 所示。

```
Problems  Tasks  @ Javadoc  Map/Reduce Locations  Console
<terminated> FilterDemo3 [Java Application] D:\Program Files\Java\jre1.8.0_144\bin\javaw.exe (2018年1月29日 上午10:16:01)
2018-01-29 10:16:02,725 INFO  zookeeper.ZooKeeper (Environment.java:logE
2018-01-29 10:16:02,725 INFO  zookeeper.ZooKeeper (Environment.java:logE
2018-01-29 10:16:02,726 INFO  zookeeper.ZooKeeper (ZooKeeper.java:<init>
2018-01-29 10:16:02,925 INFO  zookeeper.RecoverableZooKeeper (Recoverabl
2018-01-29 10:16:02,929 INFO  zookeeper.ClientCnxn (ClientCnxn.java:logS
2018-01-29 10:16:02,932 INFO  zookeeper.ClientCnxn (ClientCnxn.java:prim
2018-01-29 10:16:02,976 INFO  zookeeper.ClientCnxn (ClientCnxn.java:onCo
info:name             value = lucy,timestamp = 1517188176405
-------------------------------------------------------------
2018-01-29 10:16:04,128 INFO  client.HConnectionManager$HConnectionImple
2018-01-29 10:16:04,154 INFO  zookeeper.ZooKeeper (ZooKeeper.java:close(
2018-01-29 10:16:04,155 INFO  zookeeper.ClientCnxn (ClientCnxn.java:run(
```

图 6-36　ValueFilter 运行结果输出

例 9：ColumnCountGetFilter

过滤出少于 2 列的所有内容，实现代码如下：

```
import java.io.IOException;
import org.apache.hadoop.conf.Configuration;
import org.apache.hadoop.hbase.Cell;
import org.apache.hadoop.hbase.CellUtil;
import org.apache.hadoop.hbase.HBaseConfiguration;
import org.apache.hadoop.hbase.client.HTable;
import org.apache.hadoop.hbase.client.Result;
import org.apache.hadoop.hbase.client.ResultScanner;
```

```
import org.apache.hadoop.hbase.client.Scan;
import org.apache.hadoop.hbase.filter.ColumnCountGetFilter;
import org.apache.hadoop.hbase.filter.CompareFilter;
import org.apache.hadoop.hbase.filter.Filter;
import org.apache.hadoop.hbase.filter.SingleColumnValueFilter;
import org.apache.hadoop.hbase.filter.SubstringComparator;
import org.apache.hadoop.hbase.util.Bytes;

public class FilterDemo9 {

    static Configuration conf = null;
    static{
        conf = HBaseConfiguration.create();
        conf.set("hbase.rootdir", " hdfs://192.168.254.128:9000/hbase ");
        conf.set("hbase.master", "hdfs:// 192.168.254.128:60000");
        conf.set("hbase.zookeeper.property.clientPort", "2181");
        conf.set("hbase.zookeeper.quorum", "master,slave1,slave2");
    }

    public static void main(String[] args) throws IOException, IllegalAccessException {
        HTable table = new HTable(conf, "stu2");
        table.setAutoFlushTo(false);

        Scan scan1 = new Scan();
        Filter ccf = new ColumnCountGetFilter(2);
        scan1.setFilter(ccf);
        ResultScanner scanner1 = table.getScanner(scan1);

        for(Result res : scanner1){
            for(Cell cell : res.rawCells()){
                System.out.print(new String(CellUtil.cloneFamily(cell)) + ":");
                System.out.print(new String(CellUtil.cloneQualifier(cell)) + "\t\t");
                System.out.print("value = " + new String(CellUtil.cloneValue(cell)) + ",");
                System.out.println("timestamp = " + cell.getTimestamp());
            }
            System.out.println("-------------------------------------------------------");
        }
        scanner1.close();
        table.close();
    }
}
```

执行结果如图 6-37 所示。

如果将代码 Filter ccf = new ColumnCountGetFilter(2)中 2 的值设置为 1，则输出如图 6-38 所示的结果。

```
Problems  Tasks  Javadoc  Map/Reduce Locations  Console
<terminated> FilterDemo [Java Application] D:\Program Files\Java\jre1.8.0_144\bin\javaw.exe (2018年1月29日 上午9:59:59)
2018-01-29 10:00:01,040 INFO  zookeeper.ClientCnxn (ClientCnxn.java:onConnect
info:age                value = 18,timestamp = 1517131122139
info:name               value = lily,timestamp = 1517131062467
-----------------------------------------------------------
info:age                value = 25,timestamp = 1517188177277
info:name               value = lucy,timestamp = 1517188176405
-----------------------------------------------------------
info:age                value = 36,timestamp = 1517188179120
info:name               value = zhangsan,timestamp = 1517188177513
-----------------------------------------------------------
2018-01-29 10:00:01,725 INFO  client.HConnectionManager$HConnectionImplementa
2018-01-29 10:00:01,743 INFO  zookeeper.ZooKeeper (ZooKeeper.java:close(684))
2018-01-29 10:00:01,743 INFO  zookeeper.ClientCnxn (ClientCnxn.java:run(512))
```

图 6-37　ColumnCountGetFilter 执行结果输出

```
Problems  Tasks  Javadoc  Map/Reduce Locations  Console
<terminated> FilterDemo [Java Application] D:\Program Files\Java\jre1.8.0_144\bin\javaw.exe (2018年1月29日 上午10:04:56)
2018-01-29 10:04:58,070 INFO  zookeeper.ZooKeeper (Environment.java:logEnv
2018-01-29 10:04:58,070 INFO  zookeeper.ZooKeeper (Environment.java:logEnv
2018-01-29 10:04:58,071 INFO  zookeeper.ZooKeeper (ZooKeeper.java:<init>(4
2018-01-29 10:04:58,266 INFO  zookeeper.RecoverableZooKeeper (RecoverableZ
2018-01-29 10:04:58,271 INFO  zookeeper.ClientCnxn (ClientCnxn.java:logSta
2018-01-29 10:04:58,274 INFO  zookeeper.ClientCnxn (ClientCnxn.java:primeC
2018-01-29 10:04:58,320 INFO  zookeeper.ClientCnxn (ClientCnxn.java:onConn
info:age                value = 18,timestamp = 1517131122139
-----------------------------------------------------------
2018-01-29 10:04:58,988 INFO  client.HConnectionManager$HConnectionImpleme
2018-01-29 10:04:59,016 INFO  zookeeper.ZooKeeper (ZooKeeper.java:close(68
2018-01-29 10:04:59,016 INFO  zookeeper.ClientCnxn (ClientCnxn.java:run(51
```

图 6-38　ColumnCountGetFilter 执行结果输出

例 10：SingleColumnValueFilter

通过 SingleColumnValueFilter 过滤出 name 列的值包含 li 的信息，在构造 SingleColumnValueFilter 对象时，指定需要过滤的列族、列名、条件和值，实现代码如下：

```
import java.io.IOException;
import org.apache.hadoop.conf.Configuration;
import org.apache.hadoop.hbase.Cell;
import org.apache.hadoop.hbase.CellUtil;
import org.apache.hadoop.hbase.HBaseConfiguration;
import org.apache.hadoop.hbase.client.HTable;
import org.apache.hadoop.hbase.client.Result;
import org.apache.hadoop.hbase.client.ResultScanner;
import org.apache.hadoop.hbase.client.Scan;
import org.apache.hadoop.hbase.filter.CompareFilter;
import org.apache.hadoop.hbase.filter.SingleColumnValueFilter;
import org.apache.hadoop.hbase.filter.SubstringComparator;
import org.apache.hadoop.hbase.util.Bytes;

public class FilterDemo10 {

    static Configuration conf = null;
    static{
        conf = HBaseConfiguration.create();
```

```
        conf.set("hbase.rootdir", " hdfs://192.168.254.128:9000/hbase ");
        conf.set("hbase.master", "hdfs:// 192.168.254.128:60000");
        conf.set("hbase.zookeeper.property.clientPort", "2181");
        conf.set("hbase.zookeeper.quorum", "master,slave1,slave2");
    }

    public static void main(String[] args) throws IOException, IllegalAccessException {
        HTable table = new HTable(conf, "stu2");
        table.setAutoFlushTo(false);

        Scan scan1 = new Scan();
        SingleColumnValueFilter scvf = new SingleColumnValueFilter(
                Bytes.toBytes("info"),
                Bytes.toBytes("name"),
                CompareFilter.CompareOp.EQUAL,
                new SubstringComparator("li"));
        scvf.setFilterIfMissing(false);
        scvf.setLatestVersionOnly(true);

        scan1.setFilter(scvf);
        ResultScanner scanner1 = table.getScanner(scan1);

        for(Result res : scanner1){
            for(Cell cell : res.rawCells()){
                System.out.print(new String(CellUtil.cloneFamily(cell)) + ":");
                System.out.print(new String(CellUtil.cloneQualifier(cell)) + "\t\t");
                System.out.print("value = " + new String(CellUtil.cloneValue(cell)) + ",");
                System.out.println("timestamp = " + cell.getTimestamp());
            }
            System.out.println("--------------------------------------------------------");
        }
        scanner1.close();
        table.close();
    }
}
```

执行结果如图 6-39 所示。

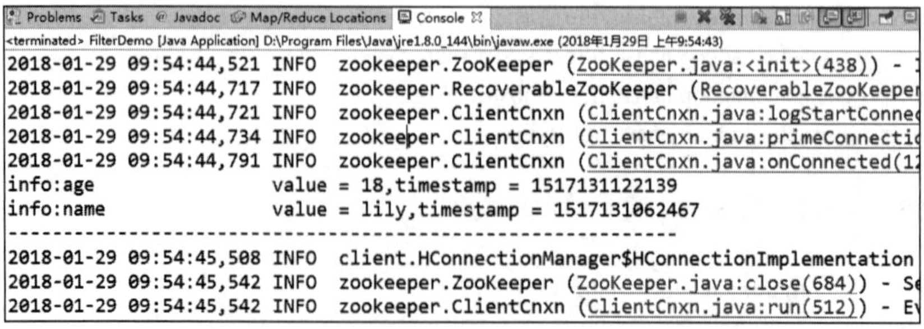

图 6-39　过滤出 stu2 表 info:name 列包含 li 的数据

例 11：SkipFilter

筛选出值不为 lucy 的其他行数据，实现代码如下：

```
import java.io.IOException;
import org.apache.hadoop.conf.Configuration;
import org.apache.hadoop.hbase.Cell;
import org.apache.hadoop.hbase.CellUtil;
import org.apache.hadoop.hbase.HBaseConfiguration;
import org.apache.hadoop.hbase.client.HTable;
import org.apache.hadoop.hbase.client.Result;
import org.apache.hadoop.hbase.client.ResultScanner;
import org.apache.hadoop.hbase.client.Scan;
import org.apache.hadoop.hbase.filter.CompareFilter;
import org.apache.hadoop.hbase.filter.Filter;
import org.apache.hadoop.hbase.filter.SkipFilter;
import org.apache.hadoop.hbase.filter.ValueFilter;
import org.apache.hadoop.hbase.filter.SubstringComparator;

public class FilterDemo11 {

    static Configuration conf = null;
    static{
        conf = HBaseConfiguration.create();
        conf.set("hbase.rootdir", " hdfs://192.168.254.128:9000/hbase ");
        conf.set("hbase.master", "hdfs:// 192.168.254.128:60000");
        conf.set("hbase.zookeeper.property.clientPort", "2181");
        conf.set("hbase.zookeeper.quorum", "master,slave1,slave2");
    }

    public static void main(String[] args) throws IOException, IllegalAccessException {
        HTable table = new HTable(conf, "stu2");
        table.setAutoFlushTo(false);

        Scan scan1 = new Scan();
        Filter vf = new ValueFilter(CompareFilter.CompareOp.NOT_EQUAL, new
        SubstringComparator("lucy"));    //筛选某个（值的条件满足的）特定的单元格
        Filter skf = new SkipFilter(vf);    //发现某一行中的一列需要过滤时，整个行就会被过滤掉
        scan1.setFilter(skf);
        ResultScanner scanner1 = table.getScanner(scan1);

        for(Result res : scanner1){
            for(Cell cell : res.rawCells()){
                System.out.print(new String(CellUtil.cloneFamily(cell)) + ":");
                System.out.print(new String(CellUtil.cloneQualifier(cell)) + "\t\t");
                System.out.print("value = " + new String(CellUtil.cloneValue(cell)) + ",");
                System.out.println("timestamp = " + cell.getTimestamp());
            }
        }
```

```
                    System.out.println("--------------------------------------------------------");
                }
                scanner1.close();
                table.close();
            }
        }
```

执行结果如图 6-40 所示。

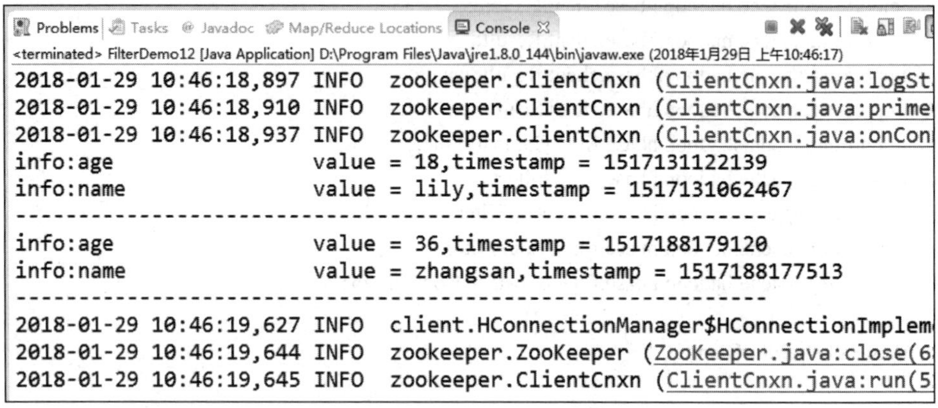

图 6-40　SkipFilter 运行结果输出

例 12：WhileMatchFilter

通过 WhileMatchFilter 实现筛选出行键为 rw001 的数据，实现代码如下：

```java
import java.io.IOException;
import org.apache.hadoop.conf.Configuration;
import org.apache.hadoop.hbase.Cell;
import org.apache.hadoop.hbase.CellUtil;
import org.apache.hadoop.hbase.HBaseConfiguration;
import org.apache.hadoop.hbase.client.HTable;
import org.apache.hadoop.hbase.client.Result;
import org.apache.hadoop.hbase.client.ResultScanner;
import org.apache.hadoop.hbase.client.Scan;
import org.apache.hadoop.hbase.filter.BinaryComparator;
import org.apache.hadoop.hbase.filter.CompareFilter;
import org.apache.hadoop.hbase.filter.Filter;
import org.apache.hadoop.hbase.filter.RowFilter;
import org.apache.hadoop.hbase.filter.WhileMatchFilter;
import org.apache.hadoop.hbase.util.Bytes;

public class FilterDemo12 {

    static Configuration conf = null;
    static{
        conf = HBaseConfiguration.create();
        conf.set("hbase.rootdir", " hdfs://192.168.254.128:9000/hbase ");
        conf.set("hbase.master", "hdfs:// 192.168.254.128:60000");
```

```
        conf.set("hbase.zookeeper.property.clientPort", "2181");
        conf.set("hbase.zookeeper.quorum", "master,slave1,slave2");
    }

    public static void main(String[] args) throws IOException, IllegalAccessException {
        HTable table = new HTable(conf, "stu2");
        table.setAutoFlushTo(false);

        Scan scan1 = new Scan();
        Filter rf = new RowFilter(CompareFilter.CompareOp.EQUAL, new
        BinaryComparator(Bytes.toBytes("rw001")));      //筛选出匹配的所有行
        Filter wmf = new WhileMatchFilter(rf); //类似于 Python itertools 中的 takewhile
        scan1.setFilter(wmf);
        ResultScanner scanner1 = table.getScanner(scan1);

        for(Result res : scanner1){
            for(Cell cell : res.rawCells()){
                System.out.print(new String(CellUtil.cloneFamily(cell)) + ":");
                System.out.print(new String(CellUtil.cloneQualifier(cell)) + "\t\t");
                System.out.print("valuc = " + new String(CellUtil.cloneValue(cell)) + ",");
                System.out.println("timestamp = " + cell.getTimestamp());
            }
            System.out.println("-------------------------------------------------------------");
        }
        scanner1.close();
        table.close();
    }
}
```

执行结果如图 6-41 所示。

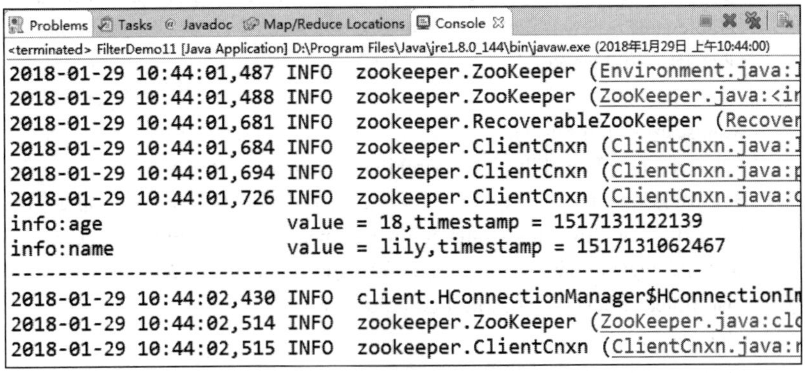

图 6-41　WhileMatchFilter 运行结果输出

例 13：FilterList

通过多个过滤器，筛选出行键不为 rw001 且单元格值为 lucy 的数据，实现代码如下：

```
import java.io.IOException;
import java.util.ArrayList;
```

```
import java.util.List;
import org.apache.hadoop.conf.Configuration;
import org.apache.hadoop.hbase.Cell;
import org.apache.hadoop.hbase.CellUtil;
import org.apache.hadoop.hbase.HBaseConfiguration;
import org.apache.hadoop.hbase.client.HTable;
import org.apache.hadoop.hbase.client.Result;
import org.apache.hadoop.hbase.client.ResultScanner;
import org.apache.hadoop.hbase.client.Scan;
import org.apache.hadoop.hbase.filter.BinaryComparator;
import org.apache.hadoop.hbase.filter.CompareFilter;
import org.apache.hadoop.hbase.filter.Filter;
import org.apache.hadoop.hbase.filter.FilterList;
import org.apache.hadoop.hbase.filter.RowFilter;
import org.apache.hadoop.hbase.filter.ValueFilter;
import org.apache.hadoop.hbase.filter.SubstringComparator;
import org.apache.hadoop.hbase.util.Bytes;

public class FilterDemo13 {

    static Configuration conf = null;
    static{
        conf = HBaseConfiguration.create();
        conf.set("hbase.rootdir", " hdfs://192.168.254.128:9000/hbase ");
        conf.set("hbase.master", "hdfs:// 192.168.254.128:60000");
        conf.set("hbase.zookeeper.property.clientPort", "2181");
        conf.set("hbase.zookeeper.quorum", "master,slave1,slave2");
    }

    public static void main(String[] args) throws IOException, IllegalAccessException {
        HTable table = new HTable(conf, "stu2");
        table.setAutoFlushTo(false);

        Scan scan1 = new Scan();
        Filter vf = new ValueFilter(CompareFilter.CompareOp.EQUAL, new
        SubstringComparator("lucy"));        //筛选某个（值的条件满足的）特定的单元格
        Filter rf = new RowFilter(CompareFilter.CompareOp.NOT_EQUAL, new
        BinaryComparator(Bytes.toBytes("rw001")));        //筛选出匹配的所有行
        List<Filter> filters = new ArrayList<Filter>();
        filters.add(rf);
        filters.add(vf);
        //综合使用多个过滤器，AND 和 OR 两种关系
        FilterList fl = new FilterList(FilterList.Operator.MUST_PASS_ALL, filters);
        scan1.setFilter(fl);
        ResultScanner scanner1 = table.getScanner(scan1);
```

```
for(Result res : scanner1){
    for(Cell cell : res.rawCells()){
        System.out.print(new String(CellUtil.cloneFamily(cell)) + ":");
        System.out.print(new String(CellUtil.cloneQualifier(cell)) + "\t\t");
        System.out.print("value = " + new String(CellUtil.cloneValue(cell)) + ",");
        System.out.println("timestamp = " + cell.getTimestamp());
    }
    System.out.println("---------------------------------------------------------");
}
scanner1.close();
table.close();
    }
}
```

执行结果如图 6-42 所示。

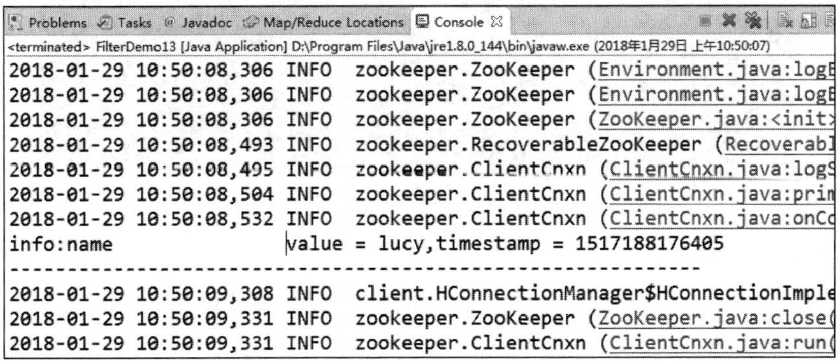

图 6-42　FilterList 运行结果输出

6.9　行数统计

下面讲述 HBase 统计表行数的方式。

1. HBase Shell 统计行数

语法格式：count 'tableName', INTERVAL => 1000, CACHE => 1000

INTERVAL 为统计的行数间隔，默认为 1000，CACHE 为统计的数据缓存。

例如，统计 stu2 行数：

```
hbase(main):027:0> count 'stu2', INTERVAL => 1000, CACHE => 1000
3 row(s) in 0.8150 seconds
=> 3
```

2. HBase 自带 MapReduce 表行数统计 RowCounter

语法格式：$HBASE_HOME/bin/hbase org.apache.hadoop.hbase.mapreduce.RowCounter 'tableName'

例如，统计 stu2 行：

```
hbase org.apache.hadoop.hbase.mapreduce.RowCounter    'stu2'
```

执行结果如图 6-43 所示。

```
                Total vcore-seconds taken by all map tasks=56806
                Total megabyte-seconds taken by all map tasks=58169344
        Map-Reduce Framework
                Map input records=3
                Map output records=0
                Input split bytes=176
                Spilled Records=0
                Failed Shuffles=0
                Merged Map outputs=0
                GC time elapsed (ms)=316
                CPU time spent (ms)=3130
                Physical memory (bytes) snapshot=97529856
                Virtual memory (bytes) snapshot=2087206912
                Total committed heap usage (bytes)=17051648
        HBase Counters
                BYTES_IN_REMOTE_RESULTS=0
                BYTES_IN_RESULTS=114
                MILLIS_BETWEEN_NEXTS=2472
                NOT_SERVING_REGION_EXCEPTION=0
                NUM_SCANNER_RESTARTS=0
                NUM_SCAN_RESULTS_STALE=0
                REGIONS_SCANNED=1
                REMOTE_RPC_CALLS=0
                REMOTE_RPC_RETRIES=0
                ROWS_FILTERED=0
                ROWS_SCANNED=3
                RPC_CALLS=3
                RPC_RETRIES=0
        org.apache.hadoop.hbase.mapreduce.RowCounter$RowCounterMapper$Counters
                ROWS=3
        File Input Format Counters
                Bytes Read=0
        File Output Format Counters
                Bytes Written=0
```

图 6-43   MapReduce 统计行数结果输出

3. Java API 统计行数

使用 Scan 和 Filter 的方式对可完成表行数统计，实现代码如下：

```java
import java.io.IOException;
import org.apache.hadoop.conf.Configuration;
import org.apache.hadoop.hbase.HBaseConfiguration;
import org.apache.hadoop.hbase.MasterNotRunningException;
import org.apache.hadoop.hbase.ZooKeeperConnectionException;
import org.apache.hadoop.hbase.client.HTable;
import org.apache.hadoop.hbase.client.Result;
import org.apache.hadoop.hbase.client.ResultScanner;
import org.apache.hadoop.hbase.client.Scan;
import org.apache.hadoop.hbase.filter.FirstKeyOnlyFilter;

public class RowCountDemo {
    static Configuration conf = null;
    static{
        conf = HBaseConfiguration.create();
        conf.set("hbase.rootdir", " hdfs://192.168.254.128:9000/hbase ");
        conf.set("hbase.master", "hdfs:// 192.168.254.128:60000");
        conf.set("hbase.zookeeper.property.clientPort", "2181");
        conf.set("hbase.zookeeper.quorum", "master,slave1,slave2");
    }

    public static long rowCount(String tableName) {
```

```
long rowCount = 0;
try {
        HTable table = new HTable(conf, tableName);
        Scan scan = new Scan();
        scan.setFilter(new FirstKeyOnlyFilter());
        ResultScanner resultScanner = table.getScanner(scan);
        for (Result result : resultScanner) {
            rowCount += result.size();
        }
} catch (IOException e) {
    System.out.println("eroor");
}
return rowCount;
}

public static void main(String[] args) throws MasterNotRunningException,
ZooKeeperConnectionException, IOException {
    System.out.println(rowCount("stu2"));
}
}
```

运行结果如图 6-44 所示。

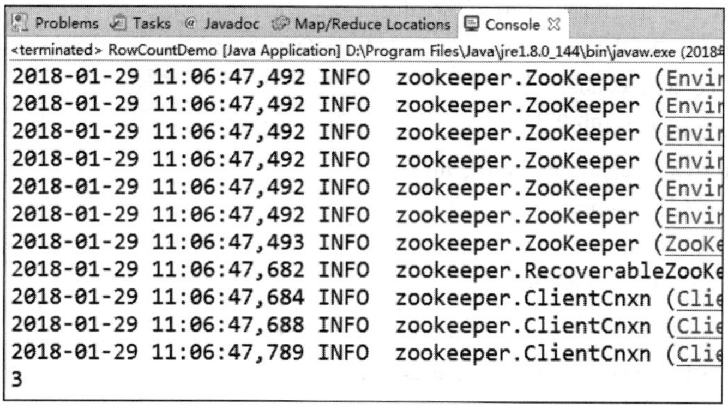

图 6-44　行数统计

6.10　NameSpace 开发

在 HBase 中，NameSpace 命名空间指对一组表的逻辑分组，类似于 RDBMS 中的 DataBase，方便对表在业务上的划分。HBase 从 0.98.0 和 0.95.2 两个版本开始支持 NameSpace 级别的授权操作，HBase 全局管理员可以创建、修改和回收 NameSpace 的授权。

HBase 系统定义了两个默认的 NameSpace：

（1）hbase：系统内建表，包括 NameSpace 和 meta 表。

（2）default：用户建表时未指定 NameSpace 的表都创建在此。

1. HBase Sehll 操作 NameSpace

（1）创建 NameSpace。

```
hbase(main):001:0> create_namespace 'ns1'
0 row(s) in 3.3460 seconds
```

例如，创建一个命令空间最大包含 5 个表：

```
hbase(main):010:0> create_namespace 'ns2', {'hbase.namespace.quota.maxtables'=>'5'}
0 row(s) in 1.1910 seconds
```

（2）查看 NameSpace。

```
hbase(main):002:0> describe_namespace 'ns1'
DESCRIPTION
{NAME => 'ns1'}
1 row(s) in 0.2580 seconds
```

（3）列出所有的 NameSpace。

```
hbase(main):003:0> list_namespace
NAMESPACE
default
hbase
ns1
3 row(s) in 0.2920 seconds
```

（4）修改命名空间的相关属性。

例如，修改 ns2 所允许的表数量大小为 8 个：

```
hbase(main):011:0> alter_namespace 'ns2', {METHOD => 'set', 'hbase.namespace.quota.maxtables'=>'8'}
0 row(s) in 0.6680 seconds
```

（5）在 NameSpace 下创建表。

```
hbase(main):012:0> create 'ns2:stu1', 'info'
0 row(s) in 4.7640 seconds
=> Hbase::Table - ns2:stu1
```

（6）查看 NameSpace 下的表。

例如，查看默认命名空间 hbase 下的表：

```
hbase(main):013:0> list_namespace_tables 'hbase'
TABLE
meta
namespace
2 row(s) in 0.1320 seconds
```

例如，查看默认命名空间 default 下的表：

```
hbase(main):014:0> list_namespace_tables 'default'
TABLE
stu2
1 row(s) in 0.0240 seconds
```

例如，查看自定义命名空间 ns2 下的表：

```
hbase(main):015:0> list_namespace_tables 'ns2'
TABLE
stu1
1 row(s) in 0.0210 seconds
```

（7）删除 NameSpace。

```
hbase(main):017:0> drop_namespace 'ns1'
0 row(s) in 1.2240 seconds
```

注意：在删除的时候该命名空间下不能有表，否则会报如图 6-45 所示的错误。

```
hbase(main):016:0> drop_namespace 'ns2'

ERROR: org.apache.hadoop.hbase.constraint.ConstraintException: Only empty namespaces can be removed. Namespace ns2 has 1 t
ables
        at sun.reflect.NativeConstructorAccessorImpl.newInstance0(Native Method)
        at sun.reflect.NativeConstructorAccessorImpl.newInstance(NativeConstructorAccessorImpl.java:62)
        at sun.reflect.DelegatingConstructorAccessorImpl.newInstance(DelegatingConstructorAccessorImpl.java:45)
        at java.lang.reflect.Constructor.newInstance(Constructor.java:423)
        at org.apache.hadoop.ipc.RemoteException.instantiateException(RemoteException.java:106)
        at org.apache.hadoop.ipc.RemoteException.unwrapRemoteException(RemoteException.java:95)
        at org.apache.hadoop.hbase.util.ForeignExceptionUtil.toIOException(ForeignExceptionUtil.java:45)
        at org.apache.hadoop.hbase.procedure2.RemoteProcedureException.fromProto(RemoteProcedureException.java:114)
        at org.apache.hadoop.hbase.master.procedure.ProcedureSyncWait.waitForProcedureToComplete(ProcedureSyncWait.java:85
)
        at org.apache.hadoop.hbase.master.HMaster$15.run(HMaster.java:2717)
```

图 6-45　删除 ns2 错误提示

2．Java API 操作 NameSpace

Admin.createNamespace 方法可以创建一个命名空间，在创建表的同时指定已定义好的命名空间即可。

实现代码如下：

```java
import java.io.IOException;
import org.apache.hadoop.conf.Configuration;
import org.apache.hadoop.hbase.HBaseConfiguration;
import org.apache.hadoop.hbase.HColumnDescriptor;
import org.apache.hadoop.hbase.HTableDescriptor;
import org.apache.hadoop.hbase.MasterNotRunningException;
import org.apache.hadoop.hbase.NamespaceDescriptor;
import org.apache.hadoop.hbase.TableName;
import org.apache.hadoop.hbase.ZooKeeperConnectionException;
import org.apache.hadoop.hbase.client.Admin;
import org.apache.hadoop.hbase.client.Connection;
import org.apache.hadoop.hbase.client.ConnectionFactory;
import org.apache.hadoop.hbase.client.HBaseAdmin;
import org.apache.hadoop.hbase.util.Bytes;

public class NameSpaceDemo {
    static Configuration conf = null;
    static Connection connection = null;
    static{
        conf = HBaseConfiguration.create();
        conf.set("hbase.rootdir", " hdfs://192.168.254.128:9000/hbase ");
        conf.set("hbase.master", "hdfs:// 192.168.254.128:60000");
        conf.set("hbase.zookeeper.property.clientPort", "2181");
        conf.set("hbase.zookeeper.quorum", "master,slave1,slave2");
    }
```

```
        public static void main(String[] args) throws MasterNotRunningException,
        ZooKeeperConnectionException, IOException {
            connection = ConnectionFactory.createConnection(conf);
//          1.0 版本之前没有问题，1.0 之后该方法过期但仍可使用
//          HBaseAdmin admin = new HBaseAdmin(conf);
            Admin admin = connection.getAdmin();
            NamespaceDescriptor namespaceDescriptor = NamespaceDescriptor.create("ns3").build();
              admin.createNamespace(namespaceDescriptor);
              //表名，同时指定命名空间
              TableName tableName = TableName.valueOf("ns3","stu");
              //表描述
              HTableDescriptor desc = new HTableDescriptor(tableName);
              //列族描述
              HColumnDescriptor coldef = new HColumnDescriptor(Bytes.toBytes("info"));
              //表加入列族
              desc.addFamily(coldef);
              //创建表
              admin.createTable(desc);
              //校验表是否可用
              boolean avail = admin.isTableAvailable(tableName);
              System.out.println("Table available: "+avail);
              //关闭连接
              if(admin != null)
                  admin.close();
              if(connection != null)
                  connection.close();
        }
    }
```

执行结果如图 6-46 所示。

```
Problems  Tasks  Javadoc  Map/Reduce Locations  Console
<terminated> NameSpaceDemo [Java Application] D:\Program Files\Java\jre1.8.0_144\bin
log4j:WARN No appenders could be found for logg
log4j:WARN Please initialize the log4j system p
log4j:WARN See http://logging.apache.org/log4j/
SLF4J: Class path contains multiple SLF4J bindi
SLF4J: Found binding in [jar:file:/C:/hadoop/ha
SLF4J: Found binding in [jar:file:/C:/hadoop/hb
SLF4J: See http://www.slf4j.org/codes.html#mult
SLF4J: Actual binding is of type [org.slf4j.imp
Table available: true
```

图 6-46　NameSpaceDemo 执行结果

同时通过 HBase Shell 可以看到该空间下的表，如图 6-47 所示。

```
hbase(main):018:0> list_namespace_tables 'ns3'
TABLE
stu
1 row(s) in 0.1540 seconds
```

图 6-47　ns3 下的所有表

6.11　计数器

传统上，如果没有 counter，当我们要给一个列的值加 1 或者其他数值时，就需要先从该列读取值，然后在客户端修改值，最后回写给 RegionServer，即一个 Read-Modify-Write（RMW）操作。在这样的过程中，还需要对操作所在的行事先加锁，事后解锁。这会导致竞争的出现，以及随之而来的很多问题，而 HBase 的 increment 接口就保证在 RegionServer 端原子性地完成一个客户端请求。

如果在 HBase 中对某一行的值使用 Put 操作完成计数器功能，为了保证原子性操作，必然会导致一个客户端对计数器所在行的资源占用，如果在大量进行计数器操作时，则会占用大量资源，并且一旦某一客户端崩溃，将会使得其他客户端进入长时间等待。HBase 中定义了一个计数器来完成用户的计数操作，可防止资源占用问题，并且也保证了其原子性。

1. 创建计数器

在 HBase 中，HBase 将某一列作为计数器来使用，因此创建计数器与创建行是相同的。创建计数器时不需要特定的创建流程，因为 HBase 的列具有动态添加的特性，使得计数器跟列具有相同的特性——动态添加，在第一次使用时计数器（实质为列）隐藏地进行了创建。

2. 计数器的增加

计数器增加值是增加一个 long 值，其增加的值有正有负，不同的数据进行增加时有不同的效果：

（1）大于 0：增加计数器的值。

（2）等于 0：不更改计数器的值。

（3）小于 0：减少计数器的值。

注意：计数器的值增加的是一个 long 类型的整数，而不是一个字符串，有时候增减一个字符串会发现结果值会突然增大很多。

3. HBase Shell 操作计数器

HBase Shell 环境也提供了计数器的操作，命令格式为：incr <tablename>, <rowkey>, <family:qualifier>, long n。

（1）设置计数器。

例如，默认步长是 1：

```
hbase(main):019:0> create 'counters','daily','weekly','monthly'
0 row(s) in 4.9330 seconds
=> Hbase::Table - counters
hbase(main):020:0> incr 'counters', '20180131', 'daily:counter'
COUNTER VALUE = 1
0 row(s) in 1.6610 seconds
```

在进行完计数器增加后，计数器的值立刻被返回给客户端。

例如，计数器步长设为-1：

```
hbase(main):021:0> incr 'counters', '20180131', 'daily:counter', -1
COUNTER VALUE = 0
0 row(s) in 0.1430 seconds
```

例如，计数器步长设为 20：

```
hbase(main):022:0> incr 'counters', '20180131', 'daily:counter', 20
COUNTER VALUE = 20
0 row(s) in 0.0690 seconds
```

例如，计数器步长设为 0：

```
hbase(main):025:0> incr 'counters', '20180131', 'daily:counter', 0
COUNTER VALUE = 20
0 row(s) in 0.0390 seconds
```

（2）获取计数器。

```
hbase(main):027:0> get_counter   'counters', '20180131', 'daily:counter'
COUNTER VALUE = 20
```

使用了 put 去修改计数器会导致后面的错误，原因是'1'会转换成 Bytes.toBytes()：

```
hbase(main):028:0> put 'counters', '20180131', 'daily:counter', 6
0 row(s) in 0.2340 seconds
hbase(main):029:0> incr 'counters', '20180131', 'daily:counter'
ERROR: org.apache.hadoop.hbase.DoNotRetryIOException: Field is not a long, it's 1 bytes wide
    at org.apache.hadoop.hbase.regionserver.HRegion.getLongValue(HRegion.java:7916)
    at
org.apache.hadoop.hbase.regionserver.HRegion.applyIncrementsToColumnFamily(HRegion.java:7870)
    at org.apache.hadoop.hbase.regionserver.HRegion.doIncrement(HRegion.java:7740)
    at org.apache.hadoop.hbase.regionserver.HRegion.increment(HRegion.java:7700)
    at org.apache.hadoop.hbase.regionserver.RSRpcServices.increment(RSRpcServices.java:601)
    at org.apache.hadoop.hbase.regionserver.RSRpcServices.mutate(RSRpcServices.java:2334)
    at
org.apache.hadoop.hbase.protobuf.generated.ClientProtos$ClientService$2.callBlockingMethod(ClientPr
otos.java:34948)
    at org.apache.hadoop.hbase.ipc.RpcServer.call(RpcServer.java:2339)
    at org.apache.hadoop.hbase.ipc.CallRunner.run(CallRunner.java:123)
    at org.apache.hadoop.hbase.ipc.RpcExecutor$Handler.run(RpcExecutor.java:188)
    at org.apache.hadoop.hbase.ipc.RpcExecutor$Handler.run(RpcExecutor.java:168)
```

4. Java API 操作计数器

在 HTable 客户端中提供了多种对计数器进行创建的方法，如下：

（1）incrementColumnValue(byte[] row,byte[] family, byte[] qualifier,long amount);

（2）incrementColumnValue(byte[] row,byte[] family, byte[] qualifier,long amount,boolean writeToWAL);

（3）incrementColumnValue(byte[] row,byte[] family, byte[] qualifier,long amount,Durability durability);

这三个函数都是直接对表中的某一行数据进行添加，不过后两个函数定义了是否将数据写入到预写日志文件的模式，这三个函数都返回进行增加后的计数器的值。

实现代码如下：

```
import org.apache.hadoop.conf.Configuration;
import org.apache.hadoop.hbase.HBaseConfiguration;
import org.apache.hadoop.hbase.TableName;
import org.apache.hadoop.hbase.client.*;
```

```java
import org.apache.hadoop.hbase.filter.*;
import org.apache.hadoop.hbase.util.Bytes;

import java.io.IOException;

public class SingleCounterDemo{
    static Configuration conf = null;
    static Connection connection = null;
    static{
        conf = HBaseConfiguration.create();
        conf.set("hbase.rootdir", " hdfs://192.168.254.128:9000/hbase ");
        conf.set("hbase.master", "hdfs:// 192.168.254.128:60000");
        conf.set("hbase.zookeeper.property.clientPort", "2181");
        conf.set("hbase.zookeeper.quorum", "master,slave1,slave2");
    }

    public static void main(String args[]) throws IOException{
        connection = ConnectionFactory.createConnection(conf);
        Table table = connection.getTable(TableName.valueOf("counters2"));
        //incrementColumnValue(行号,列族,列,步长)
        long cnt1 = table.incrementColumnValue(Bytes.toBytes("20180131"),
            Bytes.toBytes("daily"),Bytes.toBytes("counter"), 1);
        System.out.println(cnt1);
        long cnt2 = table.incrementColumnValue(Bytes.toBytes("20180131"),
            Bytes.toBytes("daily"),Bytes.toBytes("counter"), 0);
        System.out.println(cnt2);
        long cnt3 = table.incrementColumnValue(Bytes.toBytes("20180131"),
            Bytes.toBytes("daily"),Bytes.toBytes("counter"), -1);
        System.out.println(cnt3);
        long cnt4 = table.incrementColumnValue(Bytes.toBytes("20180131"),
            Bytes.toBytes("daily"),Bytes.toBytes("counter"), 20);
        System.out.println(cnt4);
        table.close();

        if(connection != null)
            connection.close();
    }
}
```

执行结果如图 6-48 所示。

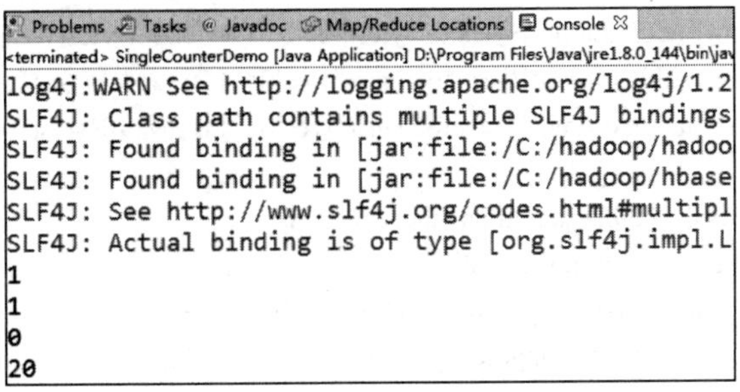

图 6-48   SingleCounterDemo 运行结果

5. 多列增加

HTable 直接对计数器进行增加的话可能只能增加一行，如果对一行中的多个计数器进行增加则需要多次发送 RPC 请求，在新版本的 HBase API 结果中提供了对一行中的多个计数器进行增加的 API：incrementColumnValue(Increment increment)。Increament 的使用方法和 Put、Get 等方法是相似的，并且返回一个 Result 对象将整行数据返回。Increment 对象也提供了很多方法进行设置，如下：

（1）setWriteToWAL(boolean write)：是否将该操作写入到预先日志 WAL 中。

（2）setDurability(Durability d)：设置读写日志写入的模式。

（3）setReturnResults(boolean returnResults)：是否将计数器结果值进行返回。

实现代码如下：

```java
import org.apache.hadoop.conf.Configuration;
import org.apache.hadoop.hbase.Cell;
import org.apache.hadoop.hbase.HBaseConfiguration;
import org.apache.hadoop.hbase.TableName;
import org.apache.hadoop.hbase.client.*;
import org.apache.hadoop.hbase.util.Bytes;
import java.io.IOException;

public class MultipleCounterDemo{
    static Configuration conf = null;
    static Connection connection = null;
    static{
        conf = HBaseConfiguration.create();
        conf.set("hbase.rootdir", " hdfs://192.168.254.128:9000/hbase ");
        conf.set("hbase.master", "hdfs:// 192.168.254.128:60000");
        conf.set("hbase.zookeeper.property.clientPort", "2181");
        conf.set("hbase.zookeeper.quorum", "master,slave1,slave2");
    }

    public static void main(String args[]) throws IOException{
        connection = ConnectionFactory.createConnection(conf);
        Table table = connection.getTable(TableName.valueOf("counters3"));
        //incrementColumnValue(行号,列族,列,步长)
        Increment increment1 = new Increment(Bytes.toBytes("20180131"));
        increment1.addColumn(Bytes.toBytes("daily"),Bytes.toBytes("counter1"),1);
        increment1.addColumn(Bytes.toBytes("daily"),Bytes.toBytes("counter2"),1);
        increment1.addColumn(Bytes.toBytes("weekly"),Bytes.toBytes("counter1"),10);
        increment1.addColumn(Bytes.toBytes("weekly"),Bytes.toBytes("counter2"),10);

        Result result = table.increment(increment1);
        for(Cell cell : result.rawCells()){
            System.out.println("Cell: " + cell + " Value: " +
                    Bytes.toLong(cell.getValueArray(), cell.getValueOffset(),cell.getValueLength()));
        }
```

```
Increment increment2 = new Increment(Bytes.toBytes("20180131"));
increment2.addColumn(Bytes.toBytes("daily"),Bytes.toBytes("counter1"), 5);
increment2.addColumn(Bytes.toBytes("daily"),Bytes.toBytes("counter2"), 1);
increment2.addColumn(Bytes.toBytes("weekly"),Bytes.toBytes("counter1"), 0);
increment2.addColumn(Bytes.toBytes("weekly"),Bytes.toBytes("counter2"), -5);
Result result2 = table.increment(increment2);
for (Cell cell : result2.rawCells()) {
    System.out.println("Cell: " + cell +
            " Value: " + Bytes.toLong(cell.getValueArray(),
            cell.getValueOffset(), cell.getValueLength()));
}

table.close();
if(connection != null)
    connection.close();
    }
}
```

执行结果如图 6-49 所示。

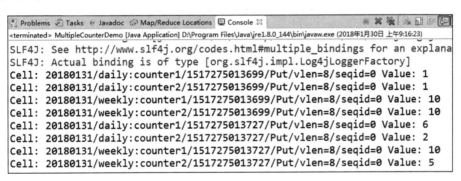

图 6-49　MultipleCounterDemo 运行结果

6.12　协处理器

虽然 HBase 在数据存储层中集成了 MapReduce，能够有效用于数据表的分布式计算，但是在很多情况下，做一些简单的相加或者聚合计算的时候，如果直接将计算过程放置在 Server 端，能够减少通信开销，从而获得很好的性能提升。于是 HBase 在 0.92 之后引入了协处理器（Coprocessors）。

协处理器能够轻易建立二次索引、复杂过滤器（谓词下推）和访问控制等，实现了类似于 BigTable 的协处理器，包括以下特性：

（1）每个表服务器的任意子表都可以运行代码。

（2）允许用户执行 Region 级的操作，使用类似触发器的功能。

（3）允许扩展现有的 RPC 协议引入自己的调用。

（4）提供一个非常灵活的、可用于建立分布式服务的数据模型。

（5）能够自动化扩展、负载均衡、应用请求路由。

1. 协处理器类型

（1）Observer。

Observer 类似于传统数据库中的触发器，当发生某些事件的时候这类协处理器会被 Server 端调用。Observer Coprocessor 就是一些散布在 HBase Server 端代码中的钩子，在固定的事件发生时被调用。比如，Put 操作之前有钩子函数 prePut，该函数在 Put 操作执行前会被 RegionServer 调用；在 Put 操作之后则有 postPut 钩子函数。

（2）Endpoint。

Endpoint 协处理器类似传统数据库中的存储过程，客户端可以调用这些 Endpoint 协处理器执行一段 Server 端代码，并将 Server 端代码的结果返回给客户端进一步处理，最常见的用法就是进行聚集操作。如果没有协处理器，当用户需要找出一张表中的最大数据时，即 max 聚合操作，就必须进行全表扫描，在客户端代码内遍历扫描结果，并执行求最大值的操作。这样的方法无法利用底层集群的并发能力，而将所有计算都集中到 Client 端统一执行，效率势必低下。利用 Coprocessor，用户可以将求最大值的代码部署到 HBase Server 端，HBase 将利用底层 Hadoop 集群的多个节点并发执行求最大值的操作。即在每个 Region 范围内执行求最大值的代码，将每个 Region 的最大值在 RegionServer 端计算出，并将该 max 值返回给客户端，在客户端将多个 Region 的最大值进一步处理而找到其中的最大值，这样整体的执行效率就会提高很多。

2. HBase Shell 操作协处理器

（1）启动全局 Aggregation。

能够操纵所有表上的数据，通过修改 hbase-site.xml 这个文件来实现，只需要添加如下代码：

```
<property>
    <name>hbase.coprocessor.user.region.classes</name>
    <value>
        org.apache.hadoop.hbase.coprocessor.RowCountEndpoint
    </value>
</property>
```

（2）通过 HBase Shell 来启用表 Aggregation。

这种方法只对特定的表生效。首先创建 stu6 表并为其添加数据：

```
create 'stu6', 'info', 'grade'
put 'stu6', 'rw001', 'info:name', 'Lucy'
put 'stu6', 'rw001', 'info:age', '16'
put 'stu6', 'rw002', 'info:name', 'Linda'
put 'stu6', 'rw002', 'info:age', '18'
put 'stu6', 'rw003', 'info:name', 'John'
put 'stu6', 'rw003', 'info:age', '19'
```

1）disable 指定表。

```
hbase(main):040:0> disable 'stu6'
0 row(s) in 4.5150 seconds
```

2）添加 Aggregation。

```
hbase(main):041:0> alter 'stu6','coprocessor'=>'|org.apache.hadoop.hbase.coprocessor.example.
RowCountEndpoint||'
Updating all regions with the new schema...
1/1 regions updated.
Done.
0 row(s) in 3.0580 seconds
```

3）重启指定表。

```
hbase(main):042:0> enable 'stu6'
0 row(s) in 2.5770 seconds
```

由图 6-50 所示可以看到协处理器已添加成功。

```
hbase(main):043:0> describe 'stu6'
Table stu6 is ENABLED
stu6, {TABLE_ATTRIBUTES => {coprocessor$1 => '|org.apache.hadoop.hbase.coprocessor.example.RowCountEndpoint||'}
COLUMN FAMILIES DESCRIPTION
{NAME => 'grade', BLOOMFILTER => 'ROW', VERSIONS => '1', IN_MEMORY => 'false', KEEP_DELETED_CELLS => 'FALSE', DATA_BLOCK_E
NCODING => 'NONE', TTL => 'FOREVER', COMPRESSION => 'NONE', MIN_VERSIONS => '0', BLOCKCACHE => 'true', BLOCKSIZE => '65536
', REPLICATION_SCOPE => '0'}
{NAME => 'info', BLOOMFILTER => 'ROW', VERSIONS => '1', IN_MEMORY => 'false', KEEP_DELETED_CELLS => 'FALSE', DATA_BLOCK_EN
CODING => 'NONE', TTL => 'FOREVER', COMPRESSION => 'NONE', MIN_VERSIONS => '0', BLOCKCACHE => 'true', BLOCKSIZE => '65536'
, REPLICATION_SCOPE => '0'}
2 row(s) in 0.1150 seconds
```

图 6-50　stu6 表结构描述信息

4）移除协处理器。

```
hbase(main):045:0> alter 'stu6', {METHOD => 'table_att_unset', NAME => 'coprocessor$1'}
Updating all regions with the new schema...
0/1 regions updated.
1/1 regions updated.
Done.
0 row(s) in 4.8710 seconds
```

由图 6-51 所示可以看到协处理器已移除成功。

```
hbase(main):047:0> describe 'stu6'
Table stu6 is ENABLED
stu6
COLUMN FAMILIES DESCRIPTION
{NAME => 'grade', BLOOMFILTER => 'ROW', VERSIONS => '1', IN_MEMORY => 'false', KEEP_DELETED_CELLS => 'FALSE', DATA_BLOCK_E
NCODING => 'NONE', TTL => 'FOREVER', COMPRESSION => 'NONE', MIN_VERSIONS => '0', BLOCKCACHE => 'true', BLOCKSIZE => '65536
', REPLICATION_SCOPE => '0'}
{NAME => 'info', BLOOMFILTER => 'ROW', VERSIONS => '1', IN_MEMORY => 'false', KEEP_DELETED_CELLS => 'FALSE', DATA_BLOCK_EN
CODING => 'NONE', TTL => 'FOREVER', COMPRESSION => 'NONE', MIN_VERSIONS => '0', BLOCKCACHE => 'true', BLOCKSIZE => '65536'
, REPLICATION_SCOPE => '0'}
2 row(s) in 0.0960 seconds
```

图 6-51　stu6 表结构描述信息

3. Java API 操作协处理器

例如，使用 Coprocessor 新特性来对表行数进行统计。

实现代码如下：

```java
import java.io.IOException;
import org.apache.hadoop.conf.Configuration;
import org.apache.hadoop.hbase.HBaseConfiguration;
import org.apache.hadoop.hbase.HTableDescriptor;
import org.apache.hadoop.hbase.MasterNotRunningException;
import org.apache.hadoop.hbase.TableName;
import org.apache.hadoop.hbase.ZooKeeperConnectionException;
```

```java
import org.apache.hadoop.hbase.client.HBaseAdmin;
import org.apache.hadoop.hbase.client.Scan;
import org.apache.hadoop.hbase.client.coprocessor.AggregationClient;
import org.apache.hadoop.hbase.client.coprocessor.LongColumnInterpreter;
import org.apache.hadoop.hbase.util.Bytes;

public class CoprocessorDemo {
    static Configuration conf = null;
    static{
        conf = HBaseConfiguration.create();
        conf.set("hbase.rootdir", " hdfs://192.168.254.128:9000/hbase ");
        conf.set("hbase.master", "hdfs:// 192.168.254.128:60000");
        conf.set("hbase.zookeeper.property.clientPort", "2181");
        conf.set("hbase.zookeeper.quorum", "master,slave1,slave2");
    }

    public static void addTableCoprocessor(String tableName, String coprocessorClassName) {
        try {
                HBaseAdmin admin = new HBaseAdmin(conf);
                admin.disableTable(tableName);
                HTableDescriptor htd = admin.getTableDescriptor(Bytes.toBytes(tableName));
                htd.addCoprocessor(coprocessorClassName);
                admin.modifyTable(Bytes.toBytes(tableName), htd);
                admin.enableTable(tableName);
        } catch (IOException e) {
            e.printStackTrace();
            System.out.println("error");
        }
    }

    public static long rowCount(String tableName, String family) {
        AggregationClient ac = new AggregationClient(conf);
        Scan scan = new Scan();
        scan.addFamily(Bytes.toBytes(family));
        long rowCount = 0;
        try {
            rowCount = ac.rowCount(TableName.valueOf(tableName), new LongColumnInterpreter(), scan);
        } catch (Throwable e) {
            e.printStackTrace();
            System.out.println("error");
        }
        return rowCount;
    }

    public static void main(String[] args) throws MasterNotRunningException, ZooKeeperConnection-
Exception, IOException {
```

```
String coprocessorClassName = "org.apache.hadoop.hbase.coprocessor.AggregateImplementation";
CoprocessorDemo.addTableCoprocessor("stu6", coprocessorClassName);
long rowCount = CoprocessorDemo.rowCount("stu6", "info");
HBaseAdmin admin = new HBaseAdmin(conf);
System.out.println("rowCount: " + rowCount);
        }
    }
```

执行结果如图 6-52 所示。

```
Problems   Tasks   Javadoc   Map/Reduce Locations   Console
<terminated> CoprocessorDemo [Java Application] D:\Program Files\Java\jre1.8.0_1
log4j:WARN No appenders could be found for 1
log4j:WARN Please initialize the log4j syste
log4j:WARN See http://logging.apache.org/log
SLF4J: Class path contains multiple SLF4J bi
SLF4J: Found binding in [jar:file:/C:/hadoop
SLF4J: Found binding in [jar:file:/C:/hadoop
SLF4J: See http://www.slf4j.org/codes.html#m
SLF4J: Actual binding is of type [org.slf4j.
rowCount: 3
```

图 6-52　CoprocessorDemo 运行结果

例如，test3 表有 name 和 age 两个列，当我们向 name 列插入数据的时候，通过协处理器向 age 列也插入数据。在读取数据的时候只允许客户端读取 age 列数据而不能读取 name 列数据，换句话说 name 列是只写的，age 列是只读的，name 列值必须是整数，age 列值也自然是整数，当删除操作的时候不能指定删除 age 列，当删除 name 列的时候同时需要删除 age 列。

实现代码如下：

```java
import java.io.IOException;
import java.util.Arrays;
import java.util.List;
import org.apache.commons.logging.Log;
import org.apache.commons.logging.LogFactory;
import org.apache.hadoop.hbase.Cell;
import org.apache.hadoop.hbase.CellUtil;
import org.apache.hadoop.hbase.CoprocessorEnvironment;
import org.apache.hadoop.hbase.client.Delete;
import org.apache.hadoop.hbase.client.Durability;
import org.apache.hadoop.hbase.client.Put;
import org.apache.hadoop.hbase.coprocessor.BaseRegionObserver;
import org.apache.hadoop.hbase.coprocessor.ObserverContext;
import org.apache.hadoop.hbase.coprocessor.RegionCoprocessorEnvironment;
import org.apache.hadoop.hbase.regionserver.wal.WALEdit;
import org.apache.hadoop.hbase.util.Bytes;

public class RegionObserverDemo extends BaseRegionObserver {
    private static final Log LOG = LogFactory.getLog(RegionObserverDemo.class);

    private RegionCoprocessorEnvironment env = null;
```

//设定只有 info 族下的列才能被操作，且 name 列只写，age 列只读
private static final String FAMAILLY_NAME = "info";
private static final String ONLY_PUT_COL = "name";
private static final String ONLY_READ_COL = "age";

//协处理器是运行于 Region 中的，每一个 Region 都会加载协处理器
//这个方法会在 RegionServer 打开 Region 的时候执行（还没有真正打开）
@Override
public void start(CoprocessorEnvironment e) throws IOException {
    env = (RegionCoprocessorEnvironment) e;
}

//这个方法会在 RegionServer 关闭 Region 的时候执行（还没有真正关闭）
@Override
public void stop(CoprocessorEnvironment e) throws IOException {
    //不进行任何操作
}

/**
 * 需求：①不允许插入 age 列；②只能插入 name 列；③插入的数据必须为整数；④插入 name
 * 列的时候自动插入 age 列
 */
@Override
public void prePut(final ObserverContext<RegionCoprocessorEnvironment> e,
        final Put put, final WALEdit edit, final Durability durability)
        throws IOException {

    //查看单个 put 中是否对只读列有写操作
    List<Cell> cells = put.get(Bytes.toBytes(FAMAILLY_NAME),
            Bytes.toBytes(ONLY_READ_COL));
    if (cells != null && cells.size() != 0) {
        LOG.warn("User is not allowed to write read_only col.");
        throw new IOException("User is not allowed to write read_only col.");
    }

    //检查 name 列
    cells = put.get(Bytes.toBytes(FAMAILLY_NAME),
            Bytes.toBytes(ONLY_PUT_COL));
    if (cells == null || cells.size() == 0) {
        //当不存在对 name 列的操作的时候则不做任何处理，直接放行即可
        LOG.info("No A col operation, just do it.");
        return;
    }

    //当 name 列存在的情况下在进行值的检查，查看是否插入了整数
    byte[] aValue = null;

```
for (Cell cell : cells) {
    try {
        aValue = CellUtil.cloneValue(cell);
        LOG.warn("aValue = " + Bytes.toString(aValue));
        Integer.valueOf(Bytes.toString(aValue));
    } catch (Exception e1) {
        LOG.warn("Can not put un number value to A col.");
        throw new IOException("Can not put un number value to A col.");
    }
}

//当一切都 OK 的时候再去构建 age 列的值，因为按照需求，插入 name 列的时候需要同
//时插入 age 列
LOG.info("B col also been put value!");
put.addColumn(Bytes.toBytes(FAMAILLY_NAME),
        Bytes.toBytes(ONLY_READ_COL), aValue);
}

/**
 * 需求：①不能删除 age 列；②只能删除 name 列；③删除 name 列的时候需要一并删除 age 列
 */
@Override
public void preDelete(
        final ObserverContext<RegionCoprocessorEnvironment> e,
        final Delete delete, final WALEdit edit, final Durability durability)
        throws IOException {

    //查看是否对 age 列进行了指定删除
    List<Cell> cells = delete.getFamilyCellMap().get(
            Bytes.toBytes(FAMAILLY_NAME));
    if (cells == null || cells.size() == 0) {
        //如果客户端没有针对 FAMAILLY_NAME 列族的操作则不用关心，让其继续操作即可
        LOG.info("NO F famally operation ,just do it.");
        return;
    }

    //开始检查 info 列族内的操作情况
    byte[] qualifierName = null;
    boolean aDeleteFlg = false;
    for (Cell cell : cells) {
        qualifierName = CellUtil.cloneQualifier(cell);

        //检查是否对 age 列进行了删除，这个是不允许的
        if (Arrays.equals(qualifierName, Bytes.toBytes(ONLY_READ_COL))) {
            LOG.info("Can not delete read only B col.");
            throw new IOException("Can not delete read only B col.");
```

```
        }
        //检查是否存在对 name 列的删除
        if (Arrays.equals(qualifierName, Bytes.toBytes(ONLY_PUT_COL))) {
            LOG.info("there is A col in delete operation!");
            aDeleteFlg = true;
        }
    }

    //如果对 name 列有删除，则需要对 age 列也要删除
    if (aDeleteFlg)
    {
        LOG.info("B col also been deleted!");
        delete.addColumn(Bytes.toBytes(FAMAILLY_NAME),
        Bytes.toBytes(ONLY_READ_COL));
    }
}

}
```

导出 JAR 包，在工程上右击并选择 Export 选项，如图 6-53 所示；然后选择 Java 下的 JAR file，如图 6-54 所示；接着选择 JAR 包导出路径，如图 6-55 所示；最后指定 Main class 入口（本例中由于没有 Main 函数，因此不用指定 Main class），如图 6-56 所示。

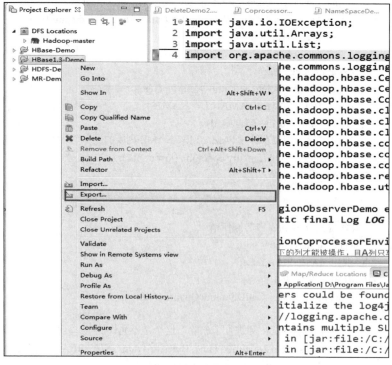

图 6-53　导出 JAR 包 1

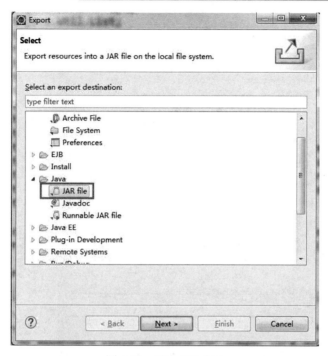

图 6-54　导出 JAR 包 2

图 6-55　导出 JAR 包 3

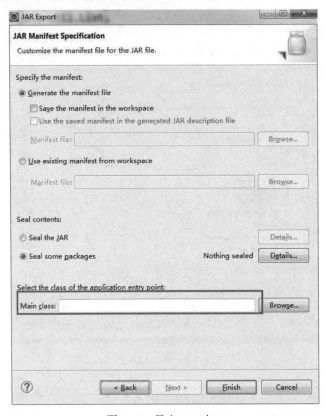

图 6-56　导出 JAR 包 4

将导出的 JAR 包上传到 HDFS 中，如图 6-57 所示。

```
[root@master soft]# hdfs dfs -put 3.jar  /
[root@master soft]# hdfs dfs -ls /
Found 3 items
-rw-r--r--   2 root supergroup    12042 2018-01-30 10:11 /3.jar
drwxr-xr-x   - root supergroup        0 2018-01-30 08:05 /hbase
drwx------   - root supergroup        0 2018-01-29 21:53 /tmp
```

图 6-57　JAR 包上传

（1）创建协处理器。

　　　hbase(main):001:0> create 'test3','info'

　　　0 row(s) in 2.4400 seconds

　　　=> Hbase::Table - test3

　　　hbase(main):002:0> alter 'test3' , METHOD =>'table_att','coprocessor'=>'/3.jar|Region

　　　ObserverDemo|1001'

　　　Updating all regions with the new schema...

　　　0/1 regions updated.

　　　0/1 regions updated.

　　　1/1 regions updated.

　　　Done.

　　　0 row(s) in 6.1480 seconds

此时可以看到协处理器加载成功，如图 6-58 所示。

```
hbase(main):005:0> describe 'test3'
Table test3 is ENABLED
test3, {TABLE_ATTRIBUTES => {coprocessor$1 => '/3.jar|RegionObserverDemo|1001'}
COLUMN FAMILIES DESCRIPTION
{NAME => 'info', BLOOMFILTER => 'ROW', VERSIONS => '1', IN_MEMORY => 'false', KEEP_DELETED_CELLS => 'FALSE', DATA_BLOCK_EN
CODING => 'NONE', TTL => 'FOREVER', COMPRESSION => 'NONE', MIN_VERSIONS => '0', BLOCKCACHE => 'true', BLOCKSIZE => '65536'
, REPLICATION_SCOPE => '0'}
1 row(s) in 0.0860 seconds
```

图 6-58　test3 表结构描述信息

（2）协处理器测试。

　　hbase(main):007:0> scan 'test3'

　　ROW　　　　　　　　　　　　　　COLUMN+CELL

　　0 row(s) in 0.1090 seconds

往 name 列插入整型数据：

　　hbase(main):008:0> put 'test3','rw001','info:name',16

　　0 row(s) in 0.0420 seconds

可以看到 age 列数据和 name 列完全一致：

　　hbase(main):009:0> scan 'test3'

　　ROW　　　　　　　　　　　　　　COLUMN+CELL

　　　rw001　　　　　　　　　　　　column=info:age, timestamp=1517278626936, value=16

　　　rw001　　　　　　　　　　　　column=info:name, timestamp=1517278626936, value=16

　　1 row(s) in 0.0780 seconds

尝试向 age 列插入数据，会报如下错误：

　　hbase(main):010:0> put 'test3','rw001','info:age',16

　　ERROR: Failed 1 action: IOException: 1 time, servers with issues: slave2,16020,1517232951508,

　　Here is some help for this command:

　　Put a cell 'value' at specified table/row/column and optionally

　　timestamp coordinates.　To put a cell value into table 'ns1:t1' or 't1'

　　at row 'r1' under column 'c1' marked with the time 'ts1', do:

　　……

尝试向 age 列插入非整型数据，会报如下错误：

　　hbase(main):011:0> put 'test3','rw001','info:name', 'test'

　　ERROR: Failed 1 action: IOException: 1 time, servers with issues: slave2,16020,1517232951508,

　　Here is some help for this command:

　　Put a cell 'value' at specified table/row/column and optionally

　　timestamp coordinates.　To put a cell value into table 'ns1:t1' or 't1'

　　at row 'r1' under column 'c1' marked with the time 'ts1', do:

　　……

删除 name 列，可以看到 age 列也同时被删除：

　　hbase(main):012:0> delete 'test3', 'rw001', 'info:name'

　　0 row(s) in 0.8760 seconds

　　hbase(main):013:0> scan 'test3'

　　ROW　　　　　　　　　　　　　　COLUMN+CELL

　　0 row(s) in 0.0730 seconds

6.13 HBase 快照

HBase 中备份或克隆表的方法就是使用复制/导出表操作或者在关闭表之后拷贝 HDFS 中的所有 HFile。复制或导出是通过一系列工具调用 MapReduce 来扫描并复制表，这样会对 RegionServer 有直接的影响。关闭表会停止所有的读写操作，实际环境中往往无法接受。相比之下 HBase 快照允许管理员不拷贝数据，而直接克隆一张表，这对服务器产生的影响最小。将快照导出至其他集群不会直接影响到任何服务器；导出只是带有一些额外逻辑的群间数据同步。

快照就是一系列元数据信息集合，允许管理员将表恢复至生成快照时的状态。快照不是表的复制，最简单的方式就是把它想象成为了追踪元数据（表信息和域）和数据（HFile，内存存储和 WAL）一系列操作的集合，在生成快照操作中没有执行任何复制数据的动作。

主节点和域服务器之间的通信是通过 ZooKeeper 进行的，使用了类似两阶段提交事务。主节点建立一个"准备快照"的 znode，每个域服务器会处理请求，并且为指定的表在其负责范围内的域准备快照。一旦准备完成，就会在准备请求的 znode 下建立一个子节点，意味着"准备完成"。一旦所有域服务器都汇报了它们的状态，主节点就建立另一个 znode 表示"提交快照"；每个域服务器会完成快照并在加入节点前报告状态。一旦所有域服务器都汇报完成，主节点会完成快照并标记操作完成；若某个域服务器报告失败，主节点会新建 znode 来广播放弃信息。

当域服务器继续处理新请求时，不同的用例情况下可能需要不同的一致性模型。例如有人可能对不包含内存中最新数据的不完全的快照感兴趣，而有的人希望锁定写操作来获得一份完全保证一致性的快照以及其他可能性，因此在域服务器上生成快照的程序是可插拔的。现在唯一的实现是 Flush Snapshot，就是在生成快照之前进行写入操作（Flush）来保证列一致性。在线生成快照需要的时间取决于实施快照操作并且将成功状态汇报给主节点最晚的域服务器，这样的操作差不多在数秒之内完成。

1. 快照的使用场景

（1）全量/增量备份。

任何数据库都需要有备份的功能来实现数据的高可靠性，快照可以非常方便地实现表的在线备份功能，并且对在线业务请求影响非常小。使用备份数据，用户可以在异常发生的情况下快速回滚到指定快照点。增量备份会在全量备份的基础上使用 binlog 进行周期性的增量备份。

使用场景一：通常情况下，对重要的业务数据，建议至少每天执行一次快照来保存数据的快照记录，并且定期清理过期快照，这样如果业务发生重要错误需要回滚的话是可以回滚到之前的一个快照点的。

使用场景二：如果要对集群做重大升级的话，建议升级前对重要的表执行一次快照，一旦升级有任何异常可以快速回滚到升级前。

（2）数据迁移。

可以使用 ExportSnapshot 功能将快照导出到另一个集群，实现数据的迁移。

使用场景：机房在线迁移，通常情况是数据在 A 机房，因为 A 机房机位不够或者机架不够需要将整个集群迁移到另一个容量更大的 B 集群，而且在迁移过程中不能停止服务。基本迁移思路是先使用快照在 B 集群恢复出一个全量数据，再使用复制技术增量复制 A 集群的更新数据，等待两个集群数据一致之后将客户端请求重定向到 B 机房。

2. HBase Shell 快照操作

（1）开启快照支持功能。

0.95+之后的版本都是默认开启的，0.94.6+是默认关闭。

配置如下：

```
<property>
    <name>hbase.snapshot.enabled</name>
    <value>true</value>
</property>
```

（2）生成快照。

给表建立快照，不管表是启用还是禁用状态，这个操作不会进行数据拷贝，但集群在执行数据均衡、分隔或合并等操作时可能会引起操作失败。

```
hbase(main):016:0> snapshot 'stu6','snapStu6'
0 row(s) in 6.7830 seconds
```

（3）列出所有的快照。

使用 list_snapshot 命令，会展示出快照名称、源表，以及创建日期和时间。

```
hbase(main):017:0> list_snapshots
SNAPSHOT                        TABLE + CREATION TIME
 snapStu6                       stu6 (Wed Jan 31 09:35:35 +0800 2018)
1 row(s) in 0.3500 seconds
```

（4）克隆快照。

使用 clone_snapshot 命令从指定的快照生成新表（克隆），由于不会产生数据复制，因此最终用到的数据不会是之前的两倍。操作结果会生成一张有完整功能的表，对该表的任意修改不会对原表或快照产生影响。

```
hbase(main):018:0> clone_snapshot 'snapStu6', 'stu6New'
0 row(s) in 5.1710 seconds
```

（5）还原快照。

使用 restore_snapshot 命令将指定快照内容替换成当前表结构或数据（本操作将表结构和数据恢复到生成快照时的状态）。它需要先禁用表，再进行恢复。

将 stu6 表删除一列数据：

```
hbase(main):025:0> delete 'stu6', 'rw001', 'info:age'
0 row(s) in 0.1020 seconds
```

通过扫描 stu6 和 stu6New 可以看到，两者互不影响。

```
hbase(main):026:0> scan 'stu6'
ROW                        COLUMN+CELL
 rw001                     column=info:name, timestamp=1517276494335, value=Lucy
 rw002                     column=info:age, timestamp=1517276500085, value=18
 rw002                     column=info:name, timestamp=1517276499995, value=Linda
 rw003                     column=info:age, timestamp=1517276501805, value=19
```

```
    rw003                        column=info:name, timestamp=1517276500200, value=John
3 row(s) in 0.0680 seconds
hbase(main):027:0> scan 'stu6New'
ROW                            COLUMN+CELL
 rw001                         column=info:age, timestamp=1517276499875, value=16
 rw001                         column=info:name, timestamp=1517276494335, value=Lucy
 rw002                         column=info:age, timestamp=1517276500085, value=18
 rw002                         column=info:name, timestamp=1517276499995, value=Linda
 rw003                         column=info:age, timestamp=1517276501805, value=19
 rw003                         column=info:name, timestamp=1517276500200, value=John
3 row(s) in 0.0760 seconds
```

使用快照恢复，要先禁用表，再恢复，最后启动表：

```
hbase(main):028:0> disable 'stu6'
0 row(s) in 2.6900 seconds
hbase(main):029:0> restore_snapshot 'snapStu6'
0 row(s) in 1.6610 seconds
hbase(main):030:0> enable 'stu6'
0 row(s) in 2.6700 seconds
```

再次扫描发现数据恢复了，而且时间也是之前的。

```
hbase(main):032:0> scan 'stu6'
ROW                            COLUMN+CELL
 rw001                         column=info:age, timestamp=1517276499875, value=16
 rw001                         column=info:name, timestamp=1517276494335, value=Lucy
 rw002                         column=info:age, timestamp=1517276500085, value=18
 rw002                         column=info:name, timestamp=1517276499995, value=Linda
 rw003                         column=info:age, timestamp=1517276501805, value=19
 rw003                         column=info:name, timestamp=1517276500200, value=John
3 row(s) in 0.0660 seconds
```

（6）导出快照。

使用 ExportSnapshot 工具将现有快照导出至其他集群，本操作将快照数据和元数据复制到其他集群，操作只涉及 HDFS，不会与 Master 或 RegionServer 产生任何联系，因此 HBase 集群可以关闭。

```
hbase org.apache.hadoop.hbase.snapshot.ExportSnapshot -snapshot snapStu6 -copy-to /test
```

执行结果如图 6-59 和图 6-60 所示。

（7）删除快照。

删除快照使用 deleted_snapshot 命令，本操作将系统中的快照删除，释放未共享的磁盘空间，而且不会影响其他克隆或快照。

```
hbase(main):002:0> delete_snapshot 'snapStu2_1'
0 row(s) in 0.1960 seconds
```

3. Java API 操作快照

HBase 提供了创建、获取、删除快照等相关的 API。

```
                Spilled Records=0
                Failed Shuffles=0
                Merged Map outputs=0
                GC time elapsed (ms)=268
                CPU time spent (ms)=54330
                Physical memory (bytes) snapshot=259903488
                Virtual memory (bytes) snapshot=2078699520
                Total committed heap usage (bytes)=202768384
        org.apache.hadoop.hbase.snapshot.ExportSnapshot$Counter
                BYTES_COPIED=5108
                BYTES_EXPECTED=5108
                BYTES_SKIPPED=0
                COPY_FAILED=0
                FILES_COPIED=1
                FILES_SKIPPED=0
                MISSING_FILES=0
        File Input Format Counters
                Bytes Read=0
        File Output Format Counters
                Bytes Written=0
2018-01-31 10:00:01,991 INFO  [main] snapshot.ExportSnapshot: Finalize the Snapshot Export
2018-01-31 10:00:02,211 INFO  [main] snapshot.ExportSnapshot: Verify snapshot integrity
2018-01-31 10:00:02,658 INFO  [main] snapshot.ExportSnapshot: Export Completed: snapStu6
```

图 6-59   快照导出操作

```
[root@master soft]# hdfs dfs -ls -R /test
drwxr-xr-x   - root supergroup          0 2018-01-31 10:00 /test/.hbase-snapshot
drwxr-xr-x   - root supergroup          0 2018-01-31 10:00 /test/.hbase-snapshot/.tmp
drwxr-xr-x   - root supergroup          0 2018-01-31 09:56 /test/.hbase-snapshot/snapStu6
-rw-r--r--   2 root supergroup          0 2018-01-31 09:56 /test/.hbase-snapshot/snapStu6/.inprogress
-rw-r--r--   2 root supergroup         27 2018-01-31 09:56 /test/.hbase-snapshot/snapStu6/.snapshotinfo
-rw-r--r--   2 root supergroup        714 2018-01-31 09:56 /test/.hbase-snapshot/snapStu6/data.manifest
drwxr-xr-x   - root supergroup          0 2018-01-31 09:57 /test/archive
drwxr-xr-x   - root supergroup          0 2018-01-31 09:57 /test/archive/data
drwxr-xr-x   - root supergroup          0 2018-01-31 09:57 /test/archive/data/default
drwxr-xr-x   - root supergroup          0 2018-01-31 09:57 /test/archive/data/default/stu6
drwxr-xr-x   - root supergroup          0 2018-01-31 09:57 /test/archive/data/default/stu6/9669e8e736d1857b04df1a8afb1da05
6
drwxr-xr-x   - root supergroup          0 2018-01-31 09:57 /test/archive/data/default/stu6/9669e8e736d1857b04df1a8afb1da05
6/info
-rw-r--r--   2 root supergroup       5108 2018-01-31 09:59 /test/archive/data/default/stu6/9669e8e736d1857b04df1a8afb1da05
6/info/92458ec14e7c46dda7cada717beb5458
```

图 6-60   快照导出后的文件

（1）创建快照。

    void snapshot(final String snapshotName, final TableName tableName) throws IOException, SnapshotCreationException, IllegalArgumentException;

需要传入快照名和一个 TableName 实例，如果表不存在或者快照名不存在会抛出异常。

（2）获取快照。

获取快照信息共有三种方法，其中第二种和第三种可以设置要查找快照的正则表达式。

- List<HBaseProtos.SnapshotDescription> listSnapshots() throws IOException;
- List<HBaseProtos.SnapshotDescription> listSnapshots(String regex) throws IOException;
- List<HBaseProtos.SnapshotDescription> listSnapshots(Pattern pattern) throws IOException;

（3）删除快照。

删除快照可以单个删除，也可以批量删除。第一种和第二种方法为单个删除，第三种和第四种方法为批量删除。

- void deleteSnapshot(final byte[] snapshotName) throws IOException;
- void deleteSnapshot(final String snapshotName) throws IOException;
- void deleteSnapshots(final String regex) throws IOException;

● void deleteSnapshots(final Pattern pattern) throws IOException;

实现代码如下：

```java
import org.apache.hadoop.conf.Configuration;
import org.apache.hadoop.hbase.HBaseConfiguration;
import org.apache.hadoop.hbase.TableName;
import org.apache.hadoop.hbase.client.*;
import org.apache.hadoop.hbase.protobuf.generated.HBaseProtos.SnapshotDescription;
import java.util.*;
import java.io.IOException;
import java.text.SimpleDateFormat;

public class SnapShotDemo{
    static Configuration conf = null;
    static Connection connection = null;
    static{
        conf = HBaseConfiguration.create();
        conf.set("hbase.rootdir", " hdfs://192.168.254.128:9000/hbase ");
        conf.set("hbase.master", "hdfs:// 192.168.254.128:60000");
        conf.set("hbase.zookeeper.property.clientPort", "2181");
        conf.set("hbase.zookeeper.quorum", "master,slave1,slave2");
    }

    public static void main(String args[]) throws IOException{
        connection = ConnectionFactory.createConnection(conf);
        Admin admin = connection.getAdmin();
        TableName tableName = TableName.valueOf("stu2");
        admin.snapshot("snapStu2_1", tableName);
        SimpleDateFormat sdf = new SimpleDateFormat("YYYY-MM-dd hh:mm:ss");
        List<SnapshotDescription> snapshots = admin.listSnapshots();
        for(SnapshotDescription snapshot : snapshots){
            System.out.print(snapshot.getName() + "\t" + snapshot.getTable() + "\t"
                    + sdf.format(snapshot.getCreationTime()) + "\n");
        }

        connection.close();

        if(connection != null)
            connection.close();
    }
}
```

执行结果如图 6-61 所示。

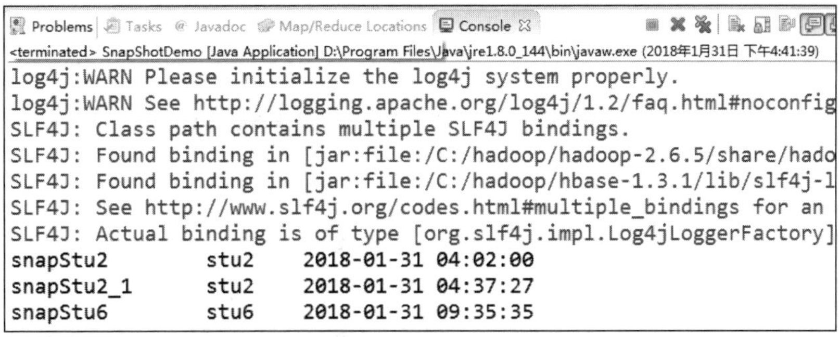

图 6-61　SnapShotDemo 执行结果

6.14　本章小结

HBase Java API 提供了 Put（写）、Get（读）、Scan（扫描）和 Delete（删除）来完成数据的读写操作。本章首先讲解了如何在 Windows 下使用 Eclipse 开发；接着介绍了单行插入、批量插入、检查并写入、缓存块插入、按行查询、按列查询、历史数据查询、删除指定列、删除指定行、删除表、扫描整个表、扫描表的某列族、扫描某列数据；最后介绍了相关高级用法，如过滤器的使用、行数的统计、命名空间的操作、计数器和协处理器的创建、快照的建立。

第 7 章　HBase 高级特性

HBase 是一个庞大的体系，涉及了很多方面，很多因素都会影响到系统性能和系统资源使用率，根据场景对这些配置进行优化会在很大程度上提升系统的性能。本书总结至少包括如下几个方面：HBase 表设计、列族设计优化、读写优化和客户端优化等，其中客户端优化在前面已经通过超时机制、重试机制讲解过，本章会继续介绍其他几个优化重点。

7.1　HBase 表设计

HBase 与 RDBMS 的区别在于：HBase 的 Cell（每条数据记录中的数据项）是具有版本描述的，行是有序的，列在所属列族存在的情况下，由客户端自由添加。以下的几个因素是 HBase Schema 设计需要考虑的问题：

（1）Row Key 的结构该如何设置，而 Row Key 中又该包含什么样的信息。

（2）表中应该有多少列族。

（3）每个列族中存储多少列数据。

（4）单元（Cell）中应该存储什么样的信息。

（5）每个单元中存储多少个版本信息。

在 HBase 表设计中最重要的就是定义 Row Key 的结构，要定义 Row Key 的结构时就不得不考虑表的接入样本，也就是在真实应用中会对这张表出现什么样的读写场景。除此之外，在设计表的时候我们也应该考虑 HBase 数据库的一些特性。

（1）HBase 中 Row Key 是按照字典序排列的，表中每一块区域的划分都是通过起始 Row Key 和结束 Row Key 来决定的。

（2）列族表创建之前就要定义好，不同列族的数据在物理上是分开的。

（3）列族中的列标识可以在表创建完以后动态插入数据时添加。

（4）HBase 中没有 join 的概念，但是大表的结构可以使得不需要 join 的存在而解决这一问题，需要考虑的是，一行记录加上一个特定的行关键字，实现把所有关于 join 的数据并在一起。

1. 预先分区

默认情况下，在创建 HBase 表的时候会自动创建一个 Region 分区，当导入数据的时候，所有 HBase 的客户端都向这一个 Region 写数据，直到这个 Region 足够大了才进行切分。一种可以加快批量写入速度的方法是预先创建一些空的 Region，这样当数据写入 HBase 时，会按照 Region 分区情况在集群内做数据的负载均衡。

2. Row Key

HBase 中 Row Key 是按照字典序存储的，因此，设计 Row Key 时，要充分利用排序特点，将经常一起读取的数据存储到一块，将最近可能会被访问的数据放在一块。此外，Row Key 若是递增地生成，建议不要使用正序直接写入 Row Key，而是采用 reverse 的方式反转 Row Key，使得 Row Key 大致均衡分布，这样设计有个好处是能将 RegionServer 负载均衡，否则容易产生所有新数据都在一个 RegionServer 上堆积的现象，这一点还可以结合表的预切分一起设计。

Row Key 是 HBase 的 Key-Value 存储中的 Key，通常使用用户要查询的字段作为 Row Key，查询结果作为 Value，可以通过设计满足几种不同的查询需求。

（1）单个查询：需要尽量缩小 Key 的长度，如果 Row Key 太长，第一存储开销会增加，影响存储效率；第二内存中 Row Key 字段过长，会导致内存的利用率低，进而降低索引命中率。

（2）范围查询：根据 Row Key 按字典序排列的特点，针对查询需求设计 Row Key，保证范围查询的 Row Key 在物理上存放在一起。

1）数字 Row Key 从大到小排序：原生 HBase 只支持从小到大的排序，这样就对排行榜一类的查询需求很尴尬。那么采用 rowkey = Integer.MAX_VALUE - rowkey 的方式将 Row Key 进行转换，最大的变最小，最小的变最大，在应用层再转回来即可完成排序需求。

2）Row Key 的散列原则：如果 Row Key 是类似时间戳的方式递增地生成，建议不要使用正序直接写入 Row Key，而是采用 reverse 的方式反转 Row Key。

3. 列族设计

设计 HBase Schema 的时候，要尽量只有一个 Column Family，目前 HBase 并不能很好地处理超过 2 个 Column Family 的表。

Flush 和 Compaction 触发的基本单位都是 Region 级别，当一个列族有大量数据的时候会触发整个 Region 里面其他列族的 MemStore（其实这些 MemStore 可能仅有少量的数据，还不需要 Flush）也发生 Flush 动作。另外 Compaction 触发的条件是当 StoreFile 的个数（不是总的 StoreFile 的大小）达到一定数量的时候，而 Flush 产生的大量 StoreFile 通常会导致 Compaction、Flush 和 Compaction 会发生很多 I/O 相关的负载，这对 HBase 的整体性能有很大影响，所以选择合适的列族个数很重要。

4. 列

对于列需要扩展的应用，列可以按普通的方式设计，但是对于列相对固定的应用，最好采用将一行记录封装到一个列中的方式，这样能够节省存储空间。封装的方式推荐使用 Protocol Buffer。

例如，身份证表 Card 和人表 Person 之间一对一的关系。

Card 和 Person 是一对一的关系，一个身份证只能对应一个人，而一个人也只能有一张身份证。在两表任意一方设置外键表达两者的关联即可，关系型数据库设计如表 7-1 和表 7-2 所示。

表 7-1　Card 表

字段	说明	属性
id	Card 表主键	整型，自动增加 1
code	身份证编码	字符串

表 7-2　Person 表

字段	说明	属性
id	Person 表主键	整型，自动增加 1

字段	说明	属性
name	姓名	字符串
age	年龄	整型
sex	性别	字符串
address	家庭住址	字符串
card_id	外键关联 Card 表 id 主键	整型

对应在 HBase 中设计成一个 Person 表，具体设计如表 7-3 所示。

表 7-3　HBase Person 表

	字段	说明
Row Key	person_id	行键
Column Family	info:code	身份证编码
	info:name	姓名
	info:age	年龄
	info:sex	性别
	info:address	家庭住址

例如，用户表 User 和订单表 Order 之间一对多的关系。

一个用户可以有多个订单，而一个订单只能属于一个用户。为了表达两者一对多的关系，需要在多的一方（Order 表）设置外键关联，关系型数据库设计如表 7-4 和表 7-5 所示。

表 7-4　User 表

字段	说明	属性
id	User 表主键	整型，自动增加 1
username	用户名	字符串
password	密码	字符串
address	家庭住址	字符串

表 7-5　Order 表

字段	说明	属性
id	Order 表主键	整型，自动增加 1
code	订单编码	字符串
order_date	订单日期	日期
user_id	外键关联 User 表 id 主键	整型

对应在 HBase 中设计成一个 Orders 表，具体设计如表 7-6 所示。

表 7-6 HBase Orders 表

	字段	说明
Row Key	order_code	订单编码，行键，逆排序
Column Family	info:username	用户名
	info:password	密码
	info:address	家庭住址
	info:order_date	订单日期

例如，商品表 Product 和订单表 Order 之间多对多的关系。

一个商品可能被多个订单购买，而一个订单也可能有多个商品。为了表达两者多对多的关系，需要通过中间表 Orders_Item 表达多对多关系，关系型数据库设计如表 7-7 至表 7-9 所示。

表 7-7 Product 表

字段	说明	属性
id	Product 表主键	整型，自动增加 1
product_code	商品编码	字符串
product_name	商品名称	字符串
product_price	商品价格	浮点型

表 7-8 Order 表

字段	说明	属性
id	Order 表主键	整型，自动增加 1
code	订单编码	字符串
order_date	订单日期	日期
user_id	外键关联 User 表 id 主键	整型

表 7-9 Orders_Item 表

字段	说明	属性
product_id	外键关联 Product 表 id 主键	整型
order_id	外键关联 Order 表 id 主键	整型

对应在 HBase 中设计成 Product 表和 Order 表，具体设计如表 7-10 和表 7-11 所示。

表 7-10 HBase Product 表

	字段	说明
Row Key	product_code	商品编码，行键，逆排序
Column Family	product:name	商品名称
	product:price	商品价格

	字段	说明
Column Family	order:code	订单编码
	order:date	订单日期

表 7-11　HBase Order 表

	字段	说明
Row Key	order_code	订单编码，行键，逆排序
Column Family	info:date	订单日期
	info:price	商品价格
Column Family	product_code	商品编码
	product:name	商品名称
	product:price	商品价格

7.2　列族设计优化

列族的设计需要遵循：尽量避免一次请求需要读取的列分布在不同的列族中。HBase 中基本属性都是以列族为单位进行设置的，例如下面的示例，用户创建了一张称为 news 的表，表中只有一个列族 info，紧接着的属性都是对此列族进行设置。这些属性基本都会或多或少地影响该表的读写性能，但有些属性用户只需要理解其意义就知道如何设置，而有些属性却需要根据场景、业务来设置，比如块大小属性（Block Size）在不同场景下应该如何设置？

块大小是 HBase 的一个重要配置选项，默认块大小为 64KB。对于不同的业务数据，块大小的合理设置对读写性能有很大影响，而对块大小的调整主要取决于以下两点：

（1）用户平均读取数据的大小。

理论上讲，如果用户平均读取数据的大小较小，建议将块大小设置得较小，这样使得内存可以缓存更多块，读性能自然会更好。相反，建议将块大小设置得较大。

随着 Block Size 的增大，系统随机读的吞吐量不断降低，延迟不断增大。64KB 大小比 16KB 大小的吞吐量大约降低 13%，延迟增大 13%。同样地，128KB 大小比 64KB 大小的吞吐量降低约 22%，延迟增大 27%。因此，对于以随机读为主的业务，可以适当调低 Block Size 的大小，以获得更好的读性能。

可见，如果业务请求以 Get 请求为主，可以考虑将块大小设置得较小；如果以 Scan 请求为主，可以将块大小调大；默认的 64KB 块大小是在 Scan 和 Get 之间取得的一个平衡。

（2）数据平均键值对规模。

可以使用 HFile 命令查看平均键值对规模，如下：

```
hbase org.apache.hadoop.hbase.io.hfile.HFile -m -f /hbase/data/default/stu6/
9669e8e736d1857b04df1a8afb1da056/info/92458ec14e7c46dda7cada717beb5458
```

执行输出信息如下：

```
Block index size as per heapsize: 392
reader=/hbase/data/default/stu6/9669e8e736d1857b04df1a8afb1da056/info/92458ec14e7c46dda7cada717
```

beb5458,
　　compression=none,
　　cacheConf=CacheConfig:disabled,
　　firstKey=rw001/info:age/1517276499875/Put,
　　lastKey=rw003/info:name/1517276500200/Put,
　　avgKeyLen=24,
　　avgValueLen=3,
　　entries=6,
　　length=5108
Trailer:
　　fileinfoOffset=413,
　　loadOnOpenDataOffset=302,
　　dataIndexCount=1,
　　metaIndexCount=0,
　　totalUncomressedBytes=5014,
　　entryCount=6,
　　compressionCodec=NONE,
　　uncompressedDataIndexSize=37,
　　numDataIndexLevels=1,
　　firstDataBlockOffset=0,
　　lastDataBlockOffset=0,
　　comparatorClassName=org.apache.hadoop.hbase.KeyValue$KeyComparator,
　　encryptionKey=NONE,
　　majorVersion=3,
　　minorVersion=0
Fileinfo:
　　BLOOM_FILTER_TYPE = ROW
　　DELETE_FAMILY_COUNT = \x00\x00\x00\x00\x00\x00\x00\x00
　　EARLIEST_PUT_TS = \x00\x00\x01aD\xB9\xF9\xFF
　　KEY_VALUE_VERSION = \x00\x00\x00\x01
　　LAST_BLOOM_KEY = rw003
　　MAJOR_COMPACTION_KEY = \x00
　　MAX_MEMSTORE_TS_KEY = \x00\x00\x00\x00\x00\x00\x00\x09
　　MAX_SEQ_ID_KEY = 11
　　TIMERANGE = 1517276494335....1517276501805
　　hfile.AVG_KEY_LEN = 24
　　hfile.AVG_VALUE_LEN = 3
　　hfile.CREATE_TIME_TS = \x00\x00\x01aD\xBAg\xDE
　　hfile.LASTKEY = \x00\x05rw003\x04infoname\x00\x00\x01aD\xBA\x10\xE8\x04
Mid-key: \x00\x05rw001\x04infoage\x00\x00\x01aD\xBA\x0F\xA3\x04
Bloom filter:
　　BloomSize: 8
　　No of Keys in bloom: 3
　　Max Keys for bloom: 6
　　Percentage filled: 50%
　　Number of chunks: 1

Comparator: RawBytesComparator

Delete Family Bloom filter:

Not present

从上面输出的信息可以看出，该 HFile 的平均键值对规模为 24B + 3B = 27B，相对较小，在这种情况下可以适当将块大小调小（例如 16KB）。这样可以使得一个块内不会有太多键值对，键值对太多会增大块内寻址的延迟时间，因为 HBase 在读数据时，一个块内部的查找是顺序查找。

注意：默认块大小适用于多种数据使用模式，调整块大小是比较高级的操作，配置错误将对性能产生负面影响。因此建议在调整之后进行测试，根据测试结果决定是否可以线上使用。

7.3　写性能优化策略

HBase 写数据流程：数据先顺序写入 WAL，再写入对应的缓存 MemStore，当 MemStore 中数据大小达到一定阈值（128MB）之后，系统会异步将 MemStore 中的数据 Flush 到 HDFS 形成小文件。

HBase 数据写入通常会遇到两类问题：一类是写性能较差，另一类是数据根本写不进去，这两类问题的切入点也不尽相同。

1. 是否需要写 WAL，WAL 是否需要同步写入

数据写入流程可以理解为一次顺序写 WAL 加一次写缓存，通常情况下写缓存延迟很低，因此提升写性能就只能从 WAL 入手。WAL 机制一方面是为了确保数据即使写入缓存丢失也可以恢复，另一方面是为了集群之间异步复制，默认 WAL 机制开启且使用同步机制写入 WAL。首先考虑业务是否需要写 WAL，通常情况下大多数业务都会开启 WAL 机制（默认），但是对于部分业务可能并不特别关心异常情况下部分数据的丢失，而更关心数据写入吞吐量，比如某些推荐业务，这类业务即使丢失一部分用户行为数据也并不对推荐结果构成很大影响，但是对写入吞吐量要求很高，不能造成数据队列阻塞。这种场景下可以考虑关闭 WAL 写，写入吞吐量可以提升 2～3 倍。退而求其次，有些业务不能接受不写 WAL，但可以接受 WAL 异步写入，也是可以考虑优化的，通常也会带来一倍多的性能提升。

2. Put 是否可以同步批量提交

HBase 分别提供了单条 Put 和批量 Put 的 API 接口，使用批量 Put 接口可以减少客户端到 RegionServer 之间的 RPC 连接数，提高写入性能。需要注意的是，批量 Put 请求要么全部成功返回，要么抛出异常。

3. Put 是否可以异步批量提交

业务如果可以接受异常情况下少量数据丢失的话，还可以使用异步批量提交的方式提交请求。提交分为两阶段执行：用户提交写请求之后，数据会写入客户端缓存，并返回用户写入成功；当客户端缓存达到阈值（默认 2MB）之后批量提交给 RegionServer。需要注意的是，在某些情况下客户端异常的情况下缓存数据有可能丢失。

4. Region 是否太少

当前集群中表的 Region 个数如果小于 RegionServer 个数，即 Num(Region of Table) < Num(RegionServer)，可以考虑切分 Region 并尽可能分布到不同的 RegionServer 来提高系统请

求并发度，如果 Num(Region of Table) > Num(RegionServer)，则再增加 Region 个数效果并不明显。

5. 写入请求是否不均衡

另一个需要考虑的问题是写入请求是否均衡，如果不均衡，一方面会导致系统并发度较低，另一方面也有可能造成部分节点负载很高，进而影响其他业务。分布式系统中要特别避免一个节点负载很高的情况出现，一个节点负载很高可能会拖慢整个集群，这是因为很多业务会使用多批量提交读写请求，一旦其中一部分请求落到该节点无法得到及时响应，就会导致整个批量请求超时。

6. 写入 KeyValue 数据是否太大

KeyValue 大小对写入性能的影响巨大，一旦遇到写入性能比较差的情况，需要考虑是否是由于写入 KeyValue 数据太大导致。试想，我们去肯德基排队买汉堡，有 5 个窗口服务，正常情况下大家买一个很快，这样 5 个窗口可能只需要 3 个服务。假设忽然来了一批人，要定全家桶，好了，所有的窗口都工作起来，而且因为全家桶不好制作导致服务很慢，这样必然会导致其他排队的用户长时间等待，直至超时。

可回头一想这可是写请求，怎么会有这么大的请求延迟？和业务方沟通之后确认该表主要存储数据库文档信息，都是平均 100KB 左右的数据，就是因为这个业务 KeyValue 太大导致。KeyValue 太大会导致 WAL 文件写入频繁切换，Flush 和 Compaction 频繁触发，写入性能急剧下降。

7.4　读性能优化策略

一般情况下，读请求延迟较大通常存在于以下三种场景：

（1）仅有某业务延迟较大，集群其他业务都正常。

（2）整个集群所有业务都反应延迟较大。

（3）某个业务起来之后集群其他部分业务延迟较大。

这三种场景是表象，通常某业务反应延迟异常，首先需要明确具体是哪种场景，然后有针对性地解决问题。读性能优化主要分为三个方面：客户端优化、服务器端优化和 HDFS 相关优化，下面分别进行详细讲解。

7.4.1　HBase 客户端优化

和大多数系统一样，客户端作为业务读写的入口，使用不正确通常会导致本业务读延迟较高，通常一般需要关注以下几个方面：

（1）Scan 缓存是否设置合理。

一次 Scan 会返回大量数据，因此客户端发起一次 Scan 请求，实际并不会一次就将所有数据加载到本地，而是分成多次 RPC 请求进行加载，这样设计一方面是因为大量数据请求可能会导致网络带宽严重消耗进而影响其他业务，另一方面也有可能因为数据量太大导致本地客户端发生内存溢出。在这样的设计体系下用户会首先加载一部分数据到本地，然后遍历处理，再加载下一部分数据到本地处理，如此往复，直至所有数据都加载完成。数据加载到本地就存放在 Scan 缓存中，默认 100 条数据大小。

通常情况下，默认的 Scan 缓存设置就可以正常工作。但是在一些大 Scan（一次 Scan 可能需要查询几万甚至几十万行数据）来说，每次请求 100 条数据意味着一次 Scan 需要几百甚至几千次 RPC 请求，这种交互的代价无疑是很大的。因此可以考虑将 Scan 缓存设置增大，比如设为 500 或 1000，用以减少 RPC 次数。

（2）Get 请求是否可以使用批量请求。

HBase 分别提供了单条 Get 和批量 Get 的 API 接口，使用批量 Get 接口可以减少客户端到 RegionServer 之间的 RPC 连接数，提高读取性能。需要注意的是，批量 Get 请求要么成功返回所有请求数据，要么抛出异常。

（3）请求是否可以显式指定列族或者列。

HBase 是典型的列数据库，意味着同一列族的数据存储在一起，不同列族的数据分开存储在不同的目录下。如果一个表有多个列族，只是根据 Row Key 而不指定列族进行检索的话不同列族的数据需要独立进行检索，性能必然会比指定列族的查询差很多，很多情况下甚至会有 2～3 倍的性能损失，因而可以指定列族或者列进行精确查找的应尽量指定查找。

（4）离线批量读取请求是否设置禁止缓存。

通常离线批量读取数据会进行一次性全表扫描，一方面数据量很大，另一方面请求只会执行一次。这种场景下如果使用 Scan 默认设置，就会将数据从 HDFS 加载出来之后放到缓存。可想而知，大量数据进入缓存必将使其他实时业务热点数据被挤出，其他业务不得不从 HDFS 加载，进而会造成明显的读延迟，当离线批量读取请求时应设置禁用缓存。

7.4.2　HBase 服务器端优化

服务器端问题一旦导致业务读请求延迟较大的话，通常是集群级别的，即整个集群的业务都会反映读延迟较大。可以从以下四个方面入手：

（1）读请求是否均衡。

极端情况下假如所有的读请求都落在一台 RegionServer 的某几个 Region 上，这一方面不能发挥整个集群的并发处理能力，另一方面势必造成此台 RegionServer 资源严重消耗（比如 I/O 耗尽、Handler 耗尽等），落在该台 RegionServer 上的其他业务会因此受到很大的波及。可见，读请求不均衡不仅会造成本身业务性能很差，还会严重影响其他业务。当然，写请求不均衡也会造成类似的问题，可见负载不均衡是 HBase 的大忌。Row Key 必须进行散列化处理（比如 MD5 散列），同时建表必须进行预分区处理。

（2）BlockCache 是否设置合理。

BlockCache 作为读缓存，对于读性能来说至关重要，默认情况下 BlockCache 和 MemStore 的配置相对比较均衡（各占 40%），可以根据集群业务进行修正，比如读多写少业务可以将 BlockCache 占比调大。另一方面，BlockCache 的策略选择也很重要，不同策略对读性能来说影响并不是很大，但是对网络通信的影响却相当显著，尤其是 BucketCache 的 offheap 模式下网络通信表现很优越。JVM 内存配置量小于 20GB 时，BlockCache 策略选择 LRUBlockCache，否则选择 BucketCache 策略的 offheap 模式。

（3）HFile 文件是否太多。

HBase 读取数据通常首先会到 MemStore 和 BlockCache 中检索（读取最近写入数据），如果查找不到就会到文件中检索。HBase 的类 LSM 结构会导致每个 Store 包含多个 HFile 文件，文件越多，检索所需的 I/O 次数越多，读取延迟也就越高。文件数量通常取决于 Compaction

的执行策略，一般和两个配置参数有关：hbase.hstore.compactionThreshold 和 hbase.hstore.compaction.max.size，前者表示一个 Store 中的文件数超过多少就应该进行合并，后者表示参数合并的文件大小最大是多少，超过此大小的文件不能参与合并。这两个参数不能设置得太松（前者不能设置太大，后者不能设置太小），否则会导致 Compaction 合并文件的实际效果不明显，进而很多文件得不到合并，那样就会导致 HFile 文件数变多。hbase.hstore.compactionThreshold 设置不能太大，默认是 3 个；设置需要根据 Region 大小确定，通常可以简单地认为 hbase.hstore.compaction.max.size = RegionSize / hbase.hstore.compactionThreshold。

（4）Compaction 是否消耗系统资源过多。

Compaction 是将小文件合并为大文件，提高后续业务随机读性能，但是也会带来 I/O 压力和带宽消耗问题（数据远程读取和三副本写入都会消耗系统带宽）。正常配置情况下 Minor Compaction 并不会带来很大的系统资源消耗，除非因为配置不合理导致 Minor Compaction 太过频繁，或者 Region 设置太大情况下发生 Major Compaction。

1）Minor Compaction 设置。

hbase.hstore.compactionThreshold 设置不能太小，又不能设置太大，因此建议设置为 5～6，大小为 hbase.hstore.compaction.max.size = RegionSize/hbase.hstore.compactionThreshold。

2）Major Compaction 设置。

大 Region 读延迟敏感业务（100GB 以上）通常不建议开启自动 Major Compaction，手动低峰期触发；小 Region 或者延迟不敏感业务可以开启 Major Compaction，但建议限制流量。

7.4.3　HDFS 相关优化

HDFS 作为 HBase 的最终数据存储系统，通常会使用三副本策略存储 HBase 数据文件和日志文件。从 HDFS 的角度往上层看，HBase 即是它的客户端，HBase 通过调用它的客户端进行数据读写操作，因此 HDFS 的相关优化也会影响 HBase 的读写性能。这里主要关注以下三个方面：

（1）Short-Circuit Local Read 功能是否开启。

当前 HDFS 读取数据都需要经过 DataNode，客户端会向 DataNode 发送读取数据的请求，DataNode 接收到请求之后从硬盘中将文件读出来，再通过 RPC 发送给客户端。Short Circuit 策略允许客户端绕过 DataNode 直接读取本地数据，开启 Short Circuit Local Read 功能，具体配置如下：

```
<configuration>
<property>
    <name>dfs.client.read.shortcircuit</name>
    <value>true</value>
</property>
<property>
    <name>dfs.domain.socket.path</name>
    <value>/var/lib/hadoop-hdfs/dn_socket</value>
</property>
</configuration>
```

（2）Hedged Read 功能是否开启。

HBase 数据在 HDFS 中一般都会存储三份，而且会优先通过 Short-Circuit Local Read 功能尝试本地读。但是在某些特殊情况下，有可能会出现因为磁盘问题或者网络问题引起的短时间本地读取失败，为了应对这类问题，提出了补偿重试机制——Hedged Read。该机制的基本工作原理为：客户端发起一个本地读，一旦一段时间之后还没有返回，客户端将会向其他 DataNode 发送相同数据的请求，哪一个请求先返回，另一个就会被丢弃。开启 Hedged Read 功能的具体配置如下：

```
<configuration>
<property>
  <name>dfs.client.hedged.read.threadpool.size</name>
  <value>20</value> <!-- 20 threads，设置为 0 不启用-->
</property>
<property>
  <name>dfs.client.hedged.read.threshold.millis</name>
    <value>10</value> <!-- 10 milliseconds，启动第二个线程等待的毫秒数-->
</property>
</configuration>
```

（3）数据本地率是否太低。

HDFS 数据通常存储三份，假如当前 RegionA 处于 Node1 上，数据 a 写入的时候三副本为 Node1、Node2、Node3；数据 b 写入三副本是 Node1、Node4、Node5；数据 c 写入三副本是 Node1、Node3、Node5。可以看出所有数据写入本地 Node1 肯定会写一份，数据都在本地可以读到，因此数据本地率是 100%。现在假设 RegionA 被迁移到了 Node2 上，只有数据 a 在该节点上，其他数据（b 和 c）读取只能远程跨节点进行，本地率就为 33%（假设 a、b 和 c 的数据大小相同）。

数据本地率太低很显然会产生大量的跨网络 I/O 请求，必然会导致读请求延迟较高，因此提高数据本地率可以有效优化随机读性能。数据本地率低的原因一般是 Region 迁移（自动 Balance 开启、RegionServer 死机迁移、手动迁移等），因此一方面可以通过避免 Region 无故迁移来保持数据本地率、关闭自动 Balance、及时迁移 Region 等；另一方面如果数据本地率很低，也可以在业务低峰期执行 Major Compaction 提升数据本地率到 100%。

7.5　HBase 集群规划

HBase 自身具有极好的扩展性，因此构建扩展集群是它的天生强项之一。在实际生产中很多业务都运行在一个集群上，业务之间共享集群硬件、软件资源。那么问题来了，一个集群上面到底应该运行哪些业务可以最大程度上利用系统的软硬件资源？另外，对于一个给定的业务来说，应该如何规划集群的硬件容量才能使得资源不浪费？最后，在一个给定的 RegionServer 上到底部署多少 Region 比较合适？

7.5.1　集群业务规划

一般而言，一个 HBase 集群上很少只跑一个业务，大多数情况都是多个业务共享集群，实际上就是共享系统软硬件资源。这里通常涉及两大问题：其一是业务之间资源隔离问题，就是将各个业务在逻辑上隔离开来，互相不受影响，这个问题产生于业务共享场景下一旦某一业务一段时间内流量猛增必然会因为过度消耗系统资源而影响其他业务；其二是共享条件下如何使得系统资源利用率最高，理想情况下当然希望集群中所有的软硬件资源都得到最大程度的利用。

要想集群系统资源最大化利用，先要看业务对系统资源的需求情况。经过对线上业务的梳理，通常可将这些业务分为以下几类：

（1）硬盘容量敏感型业务。

这类业务对读写延迟和吞吐量都没有很大的要求，唯一的需要就是硬盘容量。比如大多数离线读写分析业务，上层应用一般每隔一段时间批量写入大量数据，然后读取也是定期批量读取大量数据。

（2）带宽敏感型业务。

这类业务大多数写入吞吐量很大，但对读取吞吐量没有什么要求。比如日志实时存储业务，上层应用通过 Kafka 将海量日志实时传输过来，要求能够实时写入，而读取场景一般是离线分析或者在上次业务遇到异常的时候对日志进行检索。

（3）I/O 敏感型业务。

相比前面两类业务来说，I/O 敏感型业务一般都是较为核心的业务。这类业务对读写延迟要求较高，尤其对于读取延迟通常在 100ms 以内，部分业务可能要求更高。比如在线消息存储系统、历史订单系统、实时推荐系统等。

一个集群想要资源利用率最大化，一个思路就是各个业务之间扬长避短、合理搭配、各取所需。实际上就是上述几种类型的业务能够混合分布，建议不要将同一种类型的业务都分布在一个集群上。因此一个集群理论上资源利用率比较高效的配置为：硬盘敏感型业务 + 带宽敏感型业务 + I/O 敏感型业务。

另外，集群业务规划的时候除了考虑资源使用率最大化这个问题之外，还需要考虑实际运维的需求。建议将核心业务和非核心业务分布在同一个集群，不建议将太多核心业务同时分布在同一个集群。这主要有两方面的考虑：

1）一山不容二虎，核心业务共享资源必然会产生竞争，一旦出现竞争无论哪个业务落败都不是我们所愿意看到的。

2）在特殊场景下方便运维进行降级处理，比如类似淘宝双十一这类大促活动，某个核心业务预期会有很大的流量涌入，为了保证核心业务的平稳，在资源共享的情况下只能牺牲其他非核心业务，在和非核心业务方充分交流沟通的基础上限制这些业务的资源使用，在流量达到极限的时候甚至可以直接停掉这些非核心业务。如果是很多核心业务共享集群的话，哪个核心业务停掉都会造成很大的损失。

7.5.2　集群容量规划

每个公司都会要求统一采购新机器，一般情况下机器的规格（硬盘容量、内存大小、CPU规格）都是固定的。假如现在一台 RegionServer 的硬盘规格是 3.6TB * 12，总内存大小为 128GB，从理论上来说这样的配置是否会有资源浪费？如果有的话是硬盘浪费还是内存浪费？那合理的硬盘/内存搭配应该是什么样？和哪些影响因素有关？

这里需要提出一个 Disk Size/Java Heap 率的概念，意思是说一台 RegionServer 上 1Bytes

的 Java 内存大小需要搭配多大的硬盘大小最合理。在给出合理的解释之前，先把结果给出来：

Disk Size / Java Heap = RegionSize / MemstoreSize * ReplicationFactor * HeapFractionForMemstore * 2

按照默认配置，RegionSize = 10GB，对应参数为 hbase.hregion.max.filesize；MemStoreSize = 128MB，对应参数为 hbase.hregion.memstore.flush.size；ReplicationFactor=3，对应参数为 dfs.replication；HeapFractionForMemstore = 0.4，对应参数为 hbase.regionserver.global.memstore.lowerLimit。

计算为：10GB/128MB * 3 * 0.4 * 2 = 192，意思是说 RegionServer 上 1Bytes 的 Java 内存大小需要搭配 192Bytes 的硬盘大小最合理。再回到之前给出的问题，128GB 的内存总大小，拿出 96GB 作为 Java 内存用于 RegionServer，那么对应需要搭配 96GB * 192 = 18TB 的硬盘容量，而实际采购机器配置的是 36TB，说明在默认配置条件下会有几乎一半的硬盘被浪费。

再回过头来看看那个计算公式是怎么出来的，其实很简单，只需要从硬盘容量维度和 Java Heap 维度两方面计算 Region 个数，再令两者相等就可以推导出来，如下：

硬盘容量维度下 Region 个数：Disk Size/(RegionSize * ReplicationFactor)

Java Heap 维度下 Region 个数：Java Heap * HeapFractionForMemstore/(MemstoreSize/2)

Disk Size/(RegionSize * ReplicationFactor) = Java Heap * HeapFractionForMemstore/(MemstoreSize/2)

⇒ Disk Size/Java Heap = RegionSize/MemstoreSize * ReplicationFactor * HeapFractionForMemstore * 2

这样的公式有什么具体意义？

（1）最直观的意义就是判断在当前给定配置下是否会有资源浪费，内存资源和硬盘资源是否匹配。

（2）如果已经给定了硬件资源，比如硬件采购部已经采购的当前机器内存为 128GB，分配给 Java Heap 的为 96GB，而硬盘是 40TB，很显然两者是不匹配的，那么能不能通过修改 HBase 配置来使得两者匹配？当然可以，可以通过增大 Region Size 或者减少 MemStore Size 来实现，比如将默认的 Region Size 由 10GB 增大到 20GB，此时 Disk Size/Java Heap = 38496GB * 384 = 36TB，基本就可以使得硬盘和内存达到匹配。

（3）如果给定配置下内存硬盘不匹配，那实际场景下内存剩余好还是硬盘剩余好？答案是内存剩余好，比如采购的机器 Java Heap 可以分配到 126GB，而总硬盘容量只有 18TB，默认配置下必然是 Java Heap 有剩余，但是可以通过修改 HBase 配置将多余的内存资源分配给 HBase 读缓存 BlockCache，这样就可以保证 Java Heap 并没有实际浪费。

带宽资源：因为 HBase 在大量 Scan 和高吞吐量写入的时候特别耗费网络带宽资源，建议 HBase 集群部署在万兆交换机机房，单台机器最好也是万兆网卡 + bond。如果特殊情况交换机是千兆网卡，一定要保证所有的 RegionServer 机器都部署在同一个交换机下，跨交换机会导致写入延迟很大，严重影响业务写入性能。

CPU 资源：HBase 是一个 CPU 敏感型业务，无论数据写入读取，都会因为大量的压缩解压操作特别耗费计算资源。因此对于 HBase 来说，CPU 越多越好。

7.5.3　Region 规划

Region 规划主要涉及两个方面：Region 个数规划和单 Region 大小规划，这两个方面并不独立，而是相互关联的，大 Region 对应的 Region 个数少，小 Region 对应的 Region 个数多。Region 规划是很多 HBase 运维比较关心的问题，一个给定规格的 RegionServer 上运行多少 Region 比较合适，在实际应用中，Region 太多或者太少都有一定的利弊，如表 7-12 所示。

表 7-12　Region 个数设置

	优点	缺点
大量小 Region	①更加有利于集群之间的负载分布 ②有利于高效平稳地 Compaction，这是因为小 Region 中 HFile 相对较小，Compaction 代价小	①最直接的影响是，在某台 RegionServer 异常死机或者重启的情况下大量小 Region 重分配以及迁移是一个很耗时的操作，一般一个 Region 迁移需要 1.5s～2.5s，Region 个数越多，迁移时间越长，直接导致故障转移时间很长 ②大量小 Region 有可能会产生更加频繁的 Flush，产生很多小文件，进而引起不必要的 Compaction。特殊场景下，一旦 Region 数超过一个阈值，将会导致整个 RegionServer 级别的 Flush，严重阻塞用户读写 ③RegionServer 管理维护开销很大
少量大 Region	①有利于 RegionServer 的快速重启和死机恢复 ②可以减少总的远程文件拷贝数量 ③有利于产生更少的、更大的 Flush	①Compaction 效果很差，会引起较大的数据写入抖动，稳定性较差 ②不利于集群之间的负载均衡

可以看出，在 HBase 当前工作模式下，Region 太多或者太少都不是一件好事情，在实际生产环境中需要选择一个折中点。官方文档给出的一个推荐范围是 20～200 个，而单个 Region 大小控制在 10GB～30GB，比较符合实际情况。

然而，HBase 并不能直接配置一台 RegionServer 上的 Region 数，Region 数最直接取决于 Region Size 的大小配置——hbase.hregion.max.filesize。HBase 认为，一旦某个 Region 的大小大于配置值，就会进行分裂。hbase.hregion.max.filesize 默认为 10GB，如果一台 RegionServer 预期运行 100 个 Region，那么单台 RegionServer 上数据量预估值就为：10GB * 100 * 3 = 3TB。反过来想，如果一台 RegionServer 上想存储 12TB 的数据量，那按照单 Region 为 10GB 计算，就会分裂出 400 个 Region，很显然不合理。此时就需要调整参数 hbase.hregion.max.filesize，将此值适度调大，调整为 20GB 或者 30GB。而实际上当下单台物理机所能配置的硬盘越来越大，比如 36TB 已经很普遍，如果想把所有容量都用来存储数据，依然假设一台 RegionServer 上分布 100 个 Region，那么每个 Region 的大小将会达到 120GB，一旦执行 Compaction 将会是一个灾难。

可见，对于当下的 HBase，如果想让 HBase 工作得更加平稳（Region 个数控制在 20～200 个之间，单 Region 大小控制在 10GB～30GB 之间），最多可以存储的数据量差不多为 200 * 30GB* 3=18TB。如果存储的数据量超过 18TB，必然会引起或多或少的性能问题。综上，从 Region 规模这个角度讲，当前单台 RegionServer 能够合理利用起来的硬盘容量上限基本为 18TB。

7.5.4　内存规划

HBase 中内存规划涉及读缓存 BlockCache 和写缓存 MemStore，直接影响到系统内存利用率、I/O 利用率等资源以及读写性能等，重要性不言而喻。主要配置也是针对 BlockCache 和

MemStore 进行，然而针对不同业务类型（简单说来主要包括读多写少型和写多读少型），内存的相关配置却完全不同。再者，对于读缓存 BlockCache，实际生产中一般会有两种工作模式：LRUBlockCache 和 BucketCache，不同工作模式下的相关配置也不尽相同。为了比较完整地说明不同应用场景以及不同缓存工作模式的内存规划，本书会分别介绍读多写少型 + BucketCache、写多读少型 + LRUBlockCache。

需要说明的是，业务类型和读缓存工作模式之间没有任何直接的关联。业务到底使用 BucketCache 还是使用 LRUBlockCache，只和分配给 RegionServer 的内存大小有关。一般而言，如果 HBASE_HEAPSIZE 大于 20GB，选择 BucketCache，否则选择 LRUBlockCache。

1. 写多读少型 + LRUBlockCache

在详细说明具体的容量规划前，需要先明确 LRUBlockCache 模式下的内存分布，如图 7-1 所示。

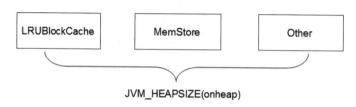

图 7-1　LRUBlockCache 内存分配

图中分配给 RegionServer 进程的内存就是 JVM 内存，主要分为三部分：LRUBlockCache，用于读缓存；MemStore，用于写缓存；Other，用于 RegionServer 运行所必需的其他对象。

了解了 BucketCache 模式下的内存分布之后，我们来具体分析如何规划内存，首先列出基本条件：

（1）整个物理机内存：128GB。

（2）业务负载分布：30%读，70%写。

接下来将问题一步一步分解，从上至下按照逻辑对内存进行规划：

（1）系统内存基础上如何规划 RegionServer 内存。

这个问题需要根据自身服务器的情况决定，一般情况下，在不影响其他服务的情况下，越大越好。我们目前设置为 86GB，为系统内存的 2/3。

（2）如何设置 LRUBlockCache 和 MemStore。

确定 RegionServer 总内存之后，接下来分别规划 LRUBlockCahce 和 MemStore 的总内存。在此需要考虑两点：在写多读少的业务场景下，写缓存显然应该分配更多内存，读缓存相对分配更少；HBase 在此处有个硬规定：LRUBlockCache + MemStore < 80% * JVM_HEAP，否则 RegionServer 无法启动。

推荐内存规划：MemStore = 45% * JVM_HEAP = 86GB * 45% = 38.7GB，LRUBlockCache = 30% * JVM_HEAP = 86GB * 30% = 25.8GB。默认情况下 MemStore 为 40% * JVM_HEAP，而 LRUBlockCache 为 25% * JVM_HEAP。

设置 JVM 参数如下：

```
-XX:SurvivorRatio=2    -XX:+PrintGCDateStamps    -Xloggc:$HBASE_LOG_DIR/gc-regionserver.log
-XX:+UseGCLogFileRotation    -XX:NumberOfGCLogFiles=1    -XX:GCLogFileSize=512M    -server
```

-Xmx64g -Xms64g -Xmn2g -Xss256k -XX:PermSize=256m -XX:MaxPermSize=256m
-XX:+UseParNewGC -XX:MaxTenuringThreshold=15 -XX:+CMSParallelRemarkEnabled -XX:+UseCMS-
CompactAtFullCollection -XX:+CMSClassUnloadingEnabled -XX:+UseCMSInitiatingOccupancyOnly
-XX:CMSInitiatingOccupancyFraction=75 -XX:-DisableExplicitGC

hbase-site.xml 中 MemStore 的相关参数设置如下：

```
<property>
    <name>hbase.regionserver.global.memstore.upperLimit</name>
    <value>0.45</value>
</property>
<property>
    <name>hbase.regionserver.global.memstore.lowerLimit</name>
    <value>0.40</value>
</property>
```

由上述定义可知，hbase.regionserver.global.memstore.upperLimit 设置为 0.45，hbase.regionserver.
global.memstore.lowerLimit 设置为 0.40，hbase.regionserver.global.memstore. upperLimit 表示
RegionServer 中所有 MemStore 占用内存在 JVM 内存中的比例上限。如果所占比例超过这个值，
RegionServer 会将所有 Region 按照 MemStore 大小排序，并按照由大到小的顺序依次执行
Flush，直至所有 MemStore 内存总大小小于 hbase.regionserver.global. memstore.lowerLimit，一
般 lowerLimit 比 upperLimit 小 5%。

hbase-site.xml 中 LRUBlockCache 的相关参数设置如下：

```
<property>
    <name>hfile.block.cache.size</name>
    <value>0.3</value>
</property>
```

hfile.block.cache.size 表示 LRUBlockCache 占用的内存在 JVM 内存中的比例，因此设
置为 0.3。

2. 读多写少型 + BucketCache

与 LRUBlockCache 模式相比，BucketCache 模式下的内存分布会更加复杂，如图 7-2 所示。

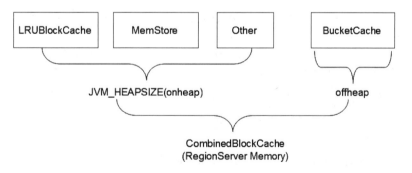

图 7-2　BucketCache 内存分配

由图可知，整个 RegionServer 内存（Java 进程内存）分为两部分：JVM 内存和堆外内存。JVM
内存中的 LRUBlockCache 和堆外内存 BucketCache 一起构成了读缓存 CombinedBlockCache，用于
缓存读到的 Block 数据，其中 LRUBlockCache 用于缓存元数据 Block，BucketCache 用于缓存
实际用户数据 Block；MemStore 用于写流程，缓存用户写入的 KeyValue 数据；还有部分用于

RegionServer 正常运行所必需的内存。

本案例中物理机内存也是 128GB，不过业务类型为读多写少：70%读+30%写，如表 7-13 所示一步一步对内存规划进行解析。

表 7-13　内存规划解析

序号	步骤	原理	计算公式	计算值	修正值
1	规划 RegionServer（RS）总内存	在系统内存允许且不影响其他服务的情况下，越多越好。设置为系统总内存的 2/3	2/3 * 128GB	86GB	86GB
2	规划读缓存 CombinedBlockCach	整个 RS 内存分为三部分：读缓存、写缓存、其他。基本按照 5:3:2 的分配原则，读缓存设置为整个 RS 内存的 50%	1 * 50%	43GB	43GB
3	规划读缓存 LRU 部分	LRU 部分主要缓存数据块元数据，数据量相对较小，设置为整个读缓存的 10%	2 * 10%	4.3GB	6GB
4	规划读缓存 BucketCache 部分	BucketCache 部分主要缓存用户数据块，数据量相对较大，设置为整个读缓存的 90%	2 * 90%	38.7GB	40GB
5	规划写缓存 MemStore	整个 RS 内存分为三部分：读缓存、写缓存、其他。基本按照 5:3:2 的分配原则，写缓存设置为整个 RS 内存的 30%	1 * 30%	25.8GB	30GB
6	设置 JVM_HEAP	RegionServer 总内存大小 – 堆外内存大小	1 – 4	47.3GB	46GB

前面说过 HBase 有一个硬规定：LRUBlockCache + MemStore < 80% * JVM_HEAP，否则 RegionServer 无法启动。这个规定的本质是为了在内存规划的时候能够给除了写缓存和读缓存之外的其他对象留够至少 20%的内存空间。那按照上述计算方式能不能满足这个硬规定呢，(LRU + MemStore)/JVM_HEAP = (4.3GB + 25.8GB)/47.3GB = 63.6%，远小于 80%。因此需要对计算值进行简单的修正，适量减少 JVM_HEAP 值（减少至 46GB），增大 Memstore 到 30GB。因为 JVM_HEAP 减少了，堆外内存就需要适量增大，因此将 BucketCache 增大到 40GB。

调整之后，(LRU + MemStore)/JVM_HEAP = (6GB + 30GB)/46GB = 78.2%。

设置 JVM 参数如下：

```
-XX:SurvivorRatio=2    -XX:+PrintGCDateStamps    -Xloggc:$HBASE_LOG_DIR/gc-regionserver.log
-XX:+UseGCLogFileRotation -XX:NumberOfGCLogFiles=1 -XX:GCLogFileSize=512M -server -Xmx40g
-Xms40g -Xmn1g -Xss256k -XX:PermSize=256m -XX:MaxPermSize=256m -XX:+UseParNewGC
-XX:MaxTenuringThreshold=15    -XX:+CMSParallelRemarkEnabled -XX:+UseCMSCompactAtFullCollection
-XX:+CMSClassUnloadingEnabled -XX:+UseCMSInitiatingOccupancyOnly -XX:CMSInitiatingOccupancy-
Fraction=75 -XX:-DisableExplicitGC
```

hbase-site.xml 中 MemStore 的相关参数设置如下：

```
<property>
    <name>hbase.regionserver.global.memstore.upperLimit</name>
    <value>0.65</value>
</property>
<property>
    <name>hbase.regionserver.global.memstore.lowerLimit</name>
    <value>0.60</value>
</property>
```

根据 upperLimit 参数的定义，结合上述内存规划数据可以计算出　upperLimit = 30GB/46GB = 65%。因此 upperLimit 参数设置为 0.65，lowerLimit 设置为 0.60。

hbase-site.xml 中 CombinedBlockCache 的相关参数设置如下：

```
<property>
    <name>hbase.bucketcache.ioengine</name>
    <value>offheap</value>
</property>
<property>
    <name>hbase.bucketcache.size</name>
    <value>44032</value>
</property>
<property>
    <name>hbase.bucketcache.percentage.in.combinedcache</name>
    <value>0.90</value>
</property>
```

按照上述介绍设置之后，所有关于内存相关的配置基本就完成了。但是需要特别关注一个参数 hfile.block.cache.size，这个参数在本案例中并不需要设置，没有任何意义。但是 HBase 的硬规定却是按照这个参数计算的，这个参数的值加上 hbase.regionserver.global.memstore. upperLimit 的值不能大于 0.8，上面提到 hbase.regionserver.global.memstore.upperLimit 值设置为 0.65，因此 hfile.block.cache.size 必须设置为一个小于 0.15 的任意值。hbase.bucketcache.ioengine 表示 bucketcache 设置为 offheap 模式；hbase.bucketcache.size 表示所有读缓存占用内存大小，该值可以为内存真实值，单位为 MB，也可以为比例值，表示读缓存大小占 JVM 内存大小比例。如果为内存真实值，则为 43GB，即 44032MB。hbase.bucketcache. percentage.in.combinedcache 参数表示用于缓存用户数据块的内存（堆外内存）占所有读缓存的比例，设为 0.90。

7.6　本章小结

本章首先介绍了 HBase 设计表时需要在设计模式和行键上应该考虑的内容，通过实体之间的三种联系对比了 HBase 和关系型数据库建表的差别，设计列族需要考虑用户平均读取数据的大小和数据平均键值对规模；然后探讨了 HBase 数据读写性能优化策略；最后根据业务需求给出了 HBase 集群规划建议。

第8章　MapReduce On HBase

HBase 本身并没有提供很好的二级索引方式,如果直接使用 HBase 提供的 Scan 扫描方式,在数据量很大的情况下就会非常慢,常用方法是使用 MapReduce 操作 HBase 数据库。MapReduce 提供了相关 API 接口,可以与 HBase 无缝连接,本章将会讲解 HBase MapReduce 编程实例。

8.1　HBase MapReduce

HBase 集成了 MapReduce 框架,对表中大量的数据进行并行处理,HBase 为 MapReduce 的每个阶段提供了相应的类来处理表数据。HBase 与 Hadoop 的 API 对比如表 8-1 所示。

表 8-1　HBase 与 Hadoop 的 API 对比

Hadoop MapReduce	HBase MapReduce
org.apache.hadoop.mapreduce.Mapper	org.apache.hadoop.hbase.mapreduce.TableMapper
org.apache.hadoop.mapreduce.Reducer	org.apache.hadoop.hbase.mapreduce.TableReducer
org.apache.hadoop.mapreduce.InputFormat	org.apache.hadoop.mapreduce.TableInputFormat
org.apache.hadoop.mapreduce.OutputFormat	org.apache.hadoop.mapreduce.TableOutputFormat

与 Hadoop MapReduce 程序不同的是,HBase MapReduce 不再用 job.setMapperClass()和 job.setReducerClass()来设置 Mapper 和 Reducer,而用 TableMapReduceUtil 的 initTableMapperJob 和 initTableReducerJob 方法来实现。此处的 TableMapReduceUtil 是位于 hadoop.hbase.mapreduce 包中的,而不是在 hadoop.hbase.mapred 包中。

数据输入源是 HBase 的 inputTable 表,执行 mapper.class 进行 Map 过程,输出的 key/value 类型是 ImmutableBytesWritable 和 Put 类型,最后一个参数是作业对象。需要指出的是需要声明一个扫描读入对象 Scan,进行表扫描读取数据用,其中 Scan 可以配置参数。

数据输出目标是 HBase 的 outputTable 表,输出执行的 Reduce 过程是 reducer.class 类,操作的作业目标是 Job。与 Map 相比缺少输出类型的标注,因为它们不是必要的,MapReduce 的 TableRecordWriter 中 write(key,value)方法中的 key 值是没有用到的,value 只能是 Put 或者 Delete 两种类型,write 方法会自行判断并不需要用户指明。

1. InputFormat 类

HBase 实现了 TableInputFormatBase 类,该类提供了对表数据的大部分操作,其子类 TableInputFormat 则提供了完整的实现,用于处理表数据并返回键值对。TableInputFormat 类将数据表按照 Region 分割成 Split,即有多少个 Region 就有多少个 Split;然后将 Region 按行键分成<key,value>对,key 值对应于行键,value 值为该行所包含的数据。

2. Mapper 类和 Reducer 类

Mapper 类从 HBase 读取数据，Mapper 继承的是 TableMapper 类，后边跟的两个泛型参数指定 Mapper 输出的数据类型，该类型必须继承自 Writable 类，例如 Put 和 Delete。但要和 initTableMapperJob 方法指定的数据类型一致，该过程会自动从指定的 HBase 表内按行读取数据进行处理。

Reducer 类将数据写入 HBase，Reducer 继承的是 TableReducer 类，后边指定三个泛型参数，前两个必须对应 Map 过程的输出 key/value 类型，第三个是输出 key 的数据类型，它是不必要的，write 的时候可以把 key 写成 IntWritable 或其他数据，这样 Reducer 输出的数据会自动插入 outputTable 指定的表内。

TableMapper 和 TableReducer 的本质就是为了简化书写代码，因为传入的四个泛型参数里都会有固定的参数类型，所以是 Mapper 和 Reducer 的简化版本，本质上它们没有任何区别。

3. OutputFormat 类

HBase 实现的 TableOutputFormat 将输出的<key,value>对写到指定的 HBase 表中，该类不会对 WAL 进行操作，即如果服务器发生故障将面临丢失数据的风险。可以使用 MultipleTable-OutputFormat 类来解决这个问题，该类可以对是否写入 WAL 进行设置。

8.2 编程实例

8.2.1 使用 MapReduce 操作 HBase

统计每个单词出现的频率，实现对指定目录或文件中单词的出现次数进行统计，并将结果保存到指定的 HBase 表，数据集如图 8-1 所示。

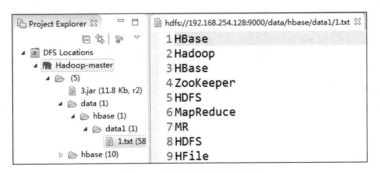

图 8-1　统计单词频率数据集

WriteHBaseMapper 程序中的 Map 输入为每一行数据，例如"Hello HBase MapReduce"，使用 StringTokenizer 类按空格分割成一个个单词，通过 context.write(word,one)输出为一系列<key,value>键值对：<"Hello",1>、<"HBase",1>、<"MapReduce",1>。

WriteHBaseReducer 继承的是 TableReducer 类。在 Hadoop 中 TableReducer 继承 Reducer 类，它的原型为 TableReducer<KeyIn,Values,KeyOut>，前两个参数必须对应 Map 过程的输出类型 key/value 类型，第三个参数为 ImmutableBytesWritable，即为不可变类型。

在 Job 配置的时候没有配置 job.setReduceClass()，而是用以下方法执行 Reducer 类：

TableMapReduceUtil.initTableReducerJob(tablename, WriteHBaseReducer.class, job);

该方法指明了在执行 Job 的 Reduce 过程时执行 WriteHBaseReducer，并将 Reduce 的结果写入到表名为 tablename 的表中。需要特别注意，此处的 TableMapReduceUtil 是 hadoop.hbase.mapreduce 包中的，而不是 hadoop.hbase.mapred 包中的，否则会报错。

实现代码如下：

```
package com.mr;

import java.io.IOException;
import java.util.StringTokenizer;
import org.apache.hadoop.conf.Configuration;
import org.apache.hadoop.conf.Configured;
import org.apache.hadoop.hbase.HBaseConfiguration;
import org.apache.hadoop.hbase.HColumnDescriptor;
import org.apache.hadoop.hbase.HTableDescriptor;
import org.apache.hadoop.hbase.MasterNotRunningException;
import org.apache.hadoop.hbase.TableName;
import org.apache.hadoop.hbase.ZooKeeperConnectionException;
import org.apache.hadoop.hbase.client.Admin;
import org.apache.hadoop.hbase.client.Connection;
import org.apache.hadoop.hbase.client.ConnectionFactory;
import org.apache.hadoop.hbase.client.Put;
import org.apache.hadoop.hbase.client.Table;
import org.apache.hadoop.hbase.io.ImmutableBytesWritable;
import org.apache.hadoop.hbase.util.Bytes;
import org.apache.hadoop.io.IntWritable;
import org.apache.hadoop.io.Text;
import org.apache.hadoop.mapreduce.Job;
import org.apache.hadoop.mapreduce.Mapper;
import org.apache.hadoop.mapreduce.lib.input.FileInputFormat;
import org.apache.hadoop.hbase.mapreduce.TableMapReduceUtil;
import org.apache.hadoop.hbase.mapreduce.TableReducer;

public class WordCountWriteToHBase extends Configured {

    static Configuration conf = null;
    static Connection connection = null;
    static{
        conf = HBaseConfiguration.create();
        conf.set("hbase.rootdir", " hdfs://192.168.254.128:9000/hbase ");
        conf.set("hbase.master", "hdfs:// 192.168.254.128:60000");
        conf.set("hbase.zookeeper.property.clientPort", "2181");
        conf.set("hbase.zookeeper.quorum", "master,slave1,slave2");
    }

    public static class WriteHBaseMapper extends Mapper<Object, Text, ImmutableBytesWritable,
```

```
IntWritable> {
        private final static IntWritable one = new IntWritable(1);
        private Text word = new Text();

        public void map(Object key,Text value,Context context) throws IOException,
        InterruptedException{
            StringTokenizer strs = new StringTokenizer(value.toString());
            while(strs.hasMoreTokens()){
                word.set(strs.nextToken());
                context.write(new ImmutableBytesWritable(Bytes.toBytes(word.toString())), one);
            }
        }

    }

    public static class WriteHBaseReducer extends TableReducer<ImmutableBytesWritable, IntWritable,
    ImmutableBytesWritable>{
        public void reduce(ImmutableBytesWritable key,Iterable<IntWritable> values,Context context)
        throws IOException, InterruptedException{
            int sum = 0;
            for(IntWritable val:values){
                sum += val.get();
            }
            Put put = new Put(key.get());
            put.addImmutable(Bytes.toBytes("content"), Bytes.toBytes("count"),
                    Bytes.toBytes(sum+""));
            context.write(key, put);
        }
    }

    public static void main(String[] args) throws MasterNotRunningException, ZooKeeperConnection-
    Exception, IOException, ClassNotFoundException, InterruptedException {
        // TODO Auto-generated method stub
        String tableName = "wordcount";
        connection = ConnectionFactory.createConnection(conf);
        TableName tableName1 = TableName.valueOf(tableName);
        Table table = connection.getTable(TableName.valueOf(tableName));
        Admin admin = connection.getAdmin();
//        HBaseAdmin admin = new HBaseAdmin(conf);
        //如果表格存在就删除
        if(admin.tableExists(tableName1)){
            admin.disableTable(tableName1);
            admin.deleteTable(tableName1);
        }
        HTableDescriptor tableDescriptor = new HTableDescriptor(tableName1);
        HColumnDescriptor columnDescriptor = new HColumnDescriptor("content");
```

```
tableDescriptor.addFamily(columnDescriptor);
admin.createTable(tableDescriptor);

Job job = Job.getInstance(conf, "WordCountWriteToHBase");
job.setJarByClass(WordCountWriteToHBase.class);
job.setMapperClass(WriteHBaseMapper.class);
TableMapReduceUtil.initTableReducerJob(tableName, WriteHBaseReducer.class,
job,null,null,null,null,false);

job.setMapOutputKeyClass(ImmutableBytesWritable.class);
job.setMapOutputValueClass(IntWritable.class);
job.setOutputKeyClass(ImmutableBytesWritable.class);
job.setOutputValueClass(Put.class);
FileInputFormat.addInputPaths(job, "hdfs://master:9000/data/hbase/data1/1.txt");
job.waitForCompletion(true);
    }
}
```

使用 HBase Shell 查看运行结果，如图 8-2 所示。

```
hbase(main):017:0> scan 'wordcount'
ROW                 COLUMN+CELL
 HBase              column=content:count, timestamp=1517559962055, value=2
 HDFS               column=content:count, timestamp=1517559962055, value=2
 HFile              column=content:count, timestamp=1517559962055, value=1
 Hadoop             column=content:count, timestamp=1517559962055, value=1
 MR                 column=content:count, timestamp=1517559962055, value=1
 MapReduce          column=content:count, timestamp=1517559962055, value=1
 ZooKeeper          column=content:count, timestamp=1517559962055, value=1
7 row(s) in 0.1260 seconds
```

图 8-2　wordcount 表扫描结果

8.2.2　从 HBase 获取数据上传至 HDFS

读取 8.2.1 节生成的 HBase wordcount 表的数据内容，并将其上传到 HDFS 中。ReadHBaseMapper 中的 map 函数为：

```
map(ImmutableBytesWritable key,Result values,Context context);
```

该函数按行读取 HBase 表数据，其中 key 是行键，values 是单元格数据。

实现代码如下：

```
package com.mr;

import java.io.IOException;
import java.util.Map;
import org.apache.hadoop.conf.Configuration;
import org.apache.hadoop.fs.Path;
import org.apache.hadoop.hbase.HBaseConfiguration;
import org.apache.hadoop.hbase.TableName;
import org.apache.hadoop.hbase.client.Admin;
import org.apache.hadoop.hbase.client.Connection;
import org.apache.hadoop.hbase.client.ConnectionFactory;
```

```
import org.apache.hadoop.hbase.client.Result;
import org.apache.hadoop.hbase.client.Scan;
import org.apache.hadoop.hbase.client.Table;
import org.apache.hadoop.hbase.io.ImmutableBytesWritable;
import org.apache.hadoop.hbase.mapreduce.TableMapReduceUtil;
import org.apache.hadoop.hbase.mapreduce.TableMapper;
import org.apache.hadoop.io.Text;
import org.apache.hadoop.mapreduce.Job;
import org.apache.hadoop.mapreduce.Reducer;
import org.apache.hadoop.mapreduce.lib.output.FileOutputFormat;

public class WordCountReadFromHBase{

    static Configuration conf = null;
    static Connection connection = null;
    static{
        conf = HBaseConfiguration.create();
        conf.set("hbase.rootdir", " hdfs://192.168.254.128:9000/hbase ");
        conf.set("hbase.master", "hdfs:// 192.168.254.128:60000");
        conf.set("hbase.zookeeper.property.clientPort", "2181");
        conf.set("hbase.zookeeper.quorum", "master,slave1,slave2");
    }

    public static class ReadHBaseMapper extends TableMapper<Text, Text>{
        @Override
        public void map(ImmutableBytesWritable key,Result values,Context context) throws
        IOException, InterruptedException{
            StringBuffer sb = new StringBuffer("");
            for(Map.Entry<byte[], byte[]> value : values.getFamilyMap("content".getBytes()).entrySet()){
                String    str = new String(value.getValue());
                if(str != null){
                    sb.append(str);
                }
                System.out.println(sb.toString());
                context.write(new Text(key.get()), new Text(sb.toString()));
            }
        }
    }

    public static class ReadHBaseReducer extends Reducer<Text, Text, Text, Text>{
        private Text result = new Text();
        public void reduce(Text key,Iterable<Text> values,Context context) throws IOException,
        InterruptedException{
            for(Text val:values){
                result.set(val);
                context.write(key,result);
```

```
                }
            }
        }

        public static void main(String[] args) throws IOException, ClassNotFoundException,
    InterruptedException {
            // TODO Auto-generated method stub
            String tableName = "wordcount";
            connection = ConnectionFactory.createConnection(conf);
            Job job = Job.getInstance(conf, "WordCountReadFromHBase");
            job.setJarByClass(WordCountReadFromHBase.class);
            TableMapReduceUtil.initTableMapperJob(tableName, new Scan(), ReadHBaseMapper.class,
            Text.class, Text.class, job);
            job.setReducerClass(ReadHBaseReducer.class);
            FileOutputFormat.setOutputPath(job, new Path("hdfs://master:9000/data/hbase/output1"));
            job.waitForCompletion(true);
        }
    }
```

程序执行会报如图 8-3 所示的错误。

```
utCommitter set in config null
utCommitter is org.apache.hadoop.mapreduce.lib.output.FileOutputCommitter
local140292102_0001
 Permission denied: user=arp, access=WRITE, inode="/data/hbase":root:supergroup:drwxr-xr-x
FSPermissionChecker.checkFsPermission(FSPermissionChecker.java:271)
FSPermissionChecker.check(FSPermissionChecker.java:257)
FSPermissionChecker.check(FSPermissionChecker.java:238)
FSPermissionChecker.checkPermission(FSPermissionChecker.java:179)
FSNamesystem.checkPermission(FSNamesystem.java:6547)
FSNamesystem.checkPermission(FSNamesystem.java:6529)
```

图 8-3　程序错误提示

这是没有权限造成的，可以通过 HDFS 命令将/data/hbase 文件夹权限修改为 777：hdfs dfs -chmod 777 /data/hbase，再次执行成功运行，执行结果如图 8-4 所示。

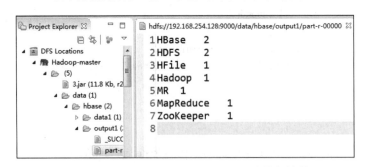

图 8-4　WordCountReadFromHBase 程序执行结果

8.2.3　MapReduce 生成 HFile 入库到 HBase

如果我们一次性入库 HBase 巨量数据，不但处理速度慢，还特别占用 Region 资源，一个比较高效便捷的方法就是使用 Bulk Loading 方法，即 HBase 提供的 HFileOutputFormat 类。它是利用 HBase 的数据信息按照特定格式存储在 HDFS 内的原理，直接生成这种 HDFS 内存储的数据格式文件，然后上传至合适位置，即完成巨量数据快速入库的方法。这种方法配合 MapReduce 完成，高效便捷，而且不占用 Region 资源，不增添负载。这种方式适合初次数据导入，即表内数据为空，或者每次入库表内都无数据的情况，并且 HBase 集群与 Hadoop 集群为同一集群，即 HBase 所基于的 HDFS 为生成 HFile 的 MapReduce 的集群。

（1）通过 HBase Shell 创建表 stu7：

```
hbase(main):032:0> create 'stu7', 'info'
0 row(s) in 5.9200 seconds
=> Hbase::Table - stu7
```

实现代码如下：

```java
package com.mr;

import java.io.IOException;
import org.apache.hadoop.conf.Configuration;
import org.apache.hadoop.fs.Path;
import org.apache.hadoop.hbase.HBaseConfiguration;
import org.apache.hadoop.hbase.KeyValue;
import org.apache.hadoop.hbase.client.Connection;
import org.apache.hadoop.hbase.client.ConnectionFactory;
import org.apache.hadoop.hbase.client.HTable;
import org.apache.hadoop.hbase.io.ImmutableBytesWritable;
import org.apache.hadoop.hbase.mapreduce.HFileOutputFormat;
import org.apache.hadoop.hbase.mapreduce.KeyValueSortReducer;
import org.apache.hadoop.hbase.mapreduce.SimpleTotalOrderPartitioner;
import org.apache.hadoop.hbase.util.Bytes;
import org.apache.hadoop.io.LongWritable;
import org.apache.hadoop.io.Text;
import org.apache.hadoop.mapreduce.Job;
import org.apache.hadoop.mapreduce.Mapper;
import org.apache.hadoop.mapreduce.lib.input.FileInputFormat;
import org.apache.hadoop.mapreduce.lib.output.FileOutputFormat;

public class HFileGenerator {

    static Configuration conf = null;
    static Connection connection = null;
    static{
        conf = HBaseConfiguration.create();
        conf.set("hbase.rootdir", " hdfs://192.168.254.128:9000/hbase ");
        conf.set("hbase.master", "hdfs:// 192.168.254.128:60000");
        conf.set("hbase.zookeeper.property.clientPort", "2181");
        conf.set("hbase.zookeeper.quorum", "master,slave1,slave2");
    }

    public static class HFileMapper extends
```

```
                Mapper<LongWritable, Text, ImmutableBytesWritable, KeyValue> {
        @Override
        protected void map(LongWritable key, Text value, Context context)
                throws IOException, InterruptedException {
            String line = value.toString();
            String[] items = line.split("\t");
            ImmutableBytesWritable rowkey = new ImmutableBytesWritable(
                    items[0].getBytes());

            KeyValue kv = new KeyValue(Bytes.toBytes(items[0]),
            Bytes.toBytes(items[1]), Bytes.toBytes(items[2]),
            System.currentTimeMillis(), Bytes.toBytes(items[3]));
            if (null != kv) {
                    context.write(rowkey, kv);
            }
        }
    }
}

    public static void main(String[] args) throws IOException,
    InterruptedException, ClassNotFoundException {
        connection = ConnectionFactory.createConnection(conf);
        Job job = Job.getInstance(conf, "HFileTest");
        job.setJarByClass(HFileGenerator.class);

        job.setMapperClass(HFileMapper.class);
        job.setMapOutputKeyClass(ImmutableBytesWritable.class);
        job.setMapOutputValueClass(KeyValue.class);

        FileInputFormat.addInputPath(job, new Path("hdfs://master:9000/data/hbase/data3"));
        FileOutputFormat.setOutputPath(job, new Path("hdfs://master:9000/data/hbase/output3"));
        HTable table = new HTable(conf, "stu7");
        HFileOutputFormat.configureIncrementalLoad(job, table);
        job.waitForCompletion(true);
    }
}
```

1）最终输出结果无论是 Map 还是 Reduce，输出部分 key 和 value 的类型必须是 <ImmutableBytesWritable, KeyValue>或者<ImmutableBytesWritable, Put>。

2）最终输出部分，value 类型是 KeyValue 或 Put，对应的 Sorter 分别是 KeyValueSortReducer 或 PutSortReducer。

3）job.setOutputFormatClass(HFileOutputFormat.class)中的 HFileOutputFormat 只适合单列族组织成的 HFile 文件。

4）HFileOutputFormat.configureIncrementalLoad(job,table)自动对 Job 进行配置。SimpleTotal-OrderPartitioner 需要先对 key 进行整体排序，然后划分到每个 Reduce 中，保证每一个 Reducer 中的 key 最小最大值区间范围是不会有交集的。因为入库到 HBase 的时候，作为一个整体的 Region，key 是绝对有序的。

5）最后生成 HFile 存储在 HDFS 上，输出路径下的子目录是各个列族。如果对 HFile 进行入库 HBase，相当于移动 HFile 到 HBase 的 Region 中，HFile 子目录的列族内容没有了。

执行结果如图 8-5 所示。

```
[root@master hbase]# hdfs dfs -ls -R /data/hbase/output3/
-rw-r--r--   3 arp supergroup          0 2018-02-03 11:12 /data/hbase/output3/_SUCCESS
drwxr-xr-x   - arp supergroup          0 2018-02-03 11:12 /data/hbase/output3/info
-rw-r--r--   3 arp supergroup       5283 2018-02-03 11:12 /data/hbase/output3/info/f6f2ef7462
c747a18835e6fd8f7dfe8b
```

图 8-5　HfileGenerator 执行结果

（2）此时通过扫描 stu7 表发现里面并没有数据，如图 8-6 所示。

```
hbase(main):034:0> scan 'stu7'
ROW                    COLUMN+CELL
0 row(s) in 0.1890 seconds
```

图 8-6　stu7 表扫描结果

（3）生成的 HFile 文件位于/data/hbase/output3/info/f6f2ef7462c747a18835e6fd8f7dfe8b，使用命令 hbase org.apache.hadoop.hbase.io.hfile.HFile -p -f 查看刚生成的 HFile 文件，如图 8-7 所示。

```
[root@master hbase]# hdfs dfs -cp /data/hbase/output3/info/f6f2ef7462c747a18835e6fd8f7dfe8b /
hbase
[root@master hbase]# hbase org.apache.hadoop.hbase.io.hfile.HFile -p -f /hbase/f6f2ef7462c747
a18835e6fd8f7dfe8b
SLF4J: Class path contains multiple SLF4J bindings.
SLF4J: Found binding in [jar:file:/hadoop/hbase-1.3.1/lib/slf4j-log4j12-1.7.5.jar!/org/slf4j/
impl/StaticLoggerBinder.class]
SLF4J: Found binding in [jar:file:/hadoop/hadoop-2.6.5/share/hadoop/common/lib/slf4j-log4j12-
1.7.5.jar!/org/slf4j/impl/StaticLoggerBinder.class]
SLF4J: See http://www.slf4j.org/codes.html#multiple_bindings for an explanation.
SLF4J: Actual binding is of type [org.slf4j.impl.Log4jLoggerFactory]
2018-02-03 11:15:03,569 INFO  [main] hfile.CacheConfig: Created cacheConfig: CacheConfig:disa
bled
K: 10001/info:age/1517627532458/Put/vlen=2/seqid=0 V: 16
K: 10001/info:name/1517627532458/Put/vlen=4/seqid=0 V: lucy
K: 10002/info:age/1517627532459/Put/vlen=2/seqid=0 V: 18
K: 10002/info:name/1517627532459/Put/vlen=4/seqid=0 V: lily
K: 10003/info:age/1517627532459/Put/vlen=2/seqid=0 V: 12
K: 10003/info:name/1517627532459/Put/vlen=8/seqid=0 V: xiaoming
Scanned kv count -> 6
```

图 8-7　HFile 文件信息

（4）HFile 入库到 HBase。

通过 HBase 中 LoadIncrementalHFiles 的 doBulkLoad 方法对生成的 HFile 文件入库。

实现代码如下：

```
package com.mr;

import org.apache.hadoop.conf.Configuration;
import org.apache.hadoop.fs.Path;
import org.apache.hadoop.hbase.HBaseConfiguration;
import org.apache.hadoop.hbase.client.HTable;
import org.apache.hadoop.hbase.mapreduce.LoadIncrementalHFiles;

public class HFileLoader {
```

```
static Configuration conf = null;
static{
    conf = HBaseConfiguration.create();
    conf.set("hbase.rootdir", " hdfs://192.168.254.128:9000/hbase ");
    conf.set("hbase.master", "hdfs:// 192.168.254.128:60000");
    conf.set("hbase.zookeeper.property.clientPort", "2181");
    conf.set("hbase.zookeeper.quorum", "master,slave1,slave2");
}

public static void main(String[] args) throws Exception {
    LoadIncrementalHFiles loader = new LoadIncrementalHFiles(conf);
    HTable table = new HTable(conf, "stu7");
    loader.doBulkLoad(new Path("hdfs://master:9000/data/hbase/output3/"), table);
}
}
```

（5）扫描 stu7 表，发现里面已经有数据了，如图 8-8 所示。

图 8-8　stu7 表扫描结果

同时可以看到在 HDFS output3 文件夹中生成了 MapReduce 执行的结果信息，如图 8-9 所示。

图 8-9　信息输出

注意：输入路径不可写成 hdfs://master:9000/data/hbase/output3/，否则程序会报如下警告：

Bulk load operation did not find any files to load in directory hdfs://master:9000/data/hbase/output3/info. Does it contain files in subdirectories that correspond to column family names?

8.2.4　同时写入多张表

通过 MapReduce 将读入的数据写入到多个表当中，数据如图 8-10 所示，第一列表示姓名，第二列表示语文成绩，第三列表示英语程序，第四列表示数学成绩。

代码只用了一个 Mapper，同时写入两个 HBase 表中。这里的要点是设置 Mapper 的输出 key 和 value 的类型，按照上面的代码类型为 ImmutableBytesWritable 和 Writable，而且在 Job 的声明处要设置输出类型：job.setOutputFormatClass(MultiTableOutputFormat.class)。

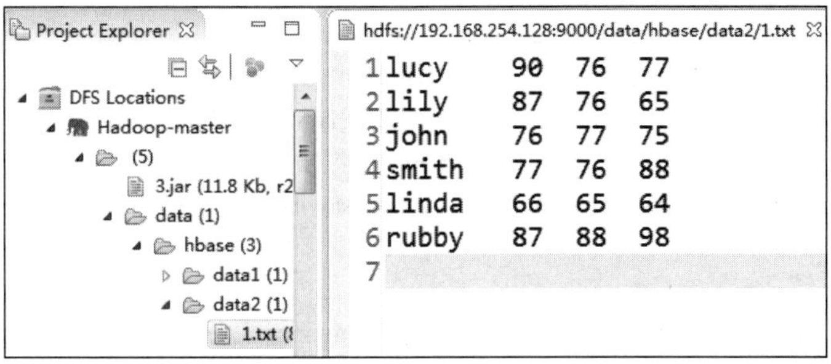

图 8-10   数据集

实现代码如下：

```
package com.mr;

import java.io.IOException;
import java.util.StringTokenizer;
import org.apache.hadoop.conf.Configuration;
import org.apache.hadoop.conf.Configured;
import org.apache.hadoop.hbase.HBaseConfiguration;
import org.apache.hadoop.hbase.HColumnDescriptor;
import org.apache.hadoop.hbase.HTableDescriptor;
import org.apache.hadoop.hbase.MasterNotRunningException;
import org.apache.hadoop.hbase.TableName;
import org.apache.hadoop.hbase.ZooKeeperConnectionException;
import org.apache.hadoop.hbase.client.Admin;
import org.apache.hadoop.hbase.client.Connection;
import org.apache.hadoop.hbase.client.ConnectionFactory;
import org.apache.hadoop.hbase.client.Put;
import org.apache.hadoop.hbase.client.Table;
import org.apache.hadoop.hbase.io.ImmutableBytesWritable;
import org.apache.hadoop.hbase.util.Bytes;
import org.apache.hadoop.io.IntWritable;
import org.apache.hadoop.io.LongWritable;
import org.apache.hadoop.io.Text;
import org.apache.hadoop.io.Writable;
import org.apache.hadoop.mapreduce.Job;
import org.apache.hadoop.mapreduce.Mapper;
import org.apache.hadoop.mapreduce.lib.input.FileInputFormat;
import org.apache.hadoop.hbase.mapreduce.MultiTableOutputFormat;
import org.apache.hadoop.hbase.mapreduce.TableMapReduceUtil;
import org.apache.hadoop.hbase.mapreduce.TableReducer;

public class MultipleTablesWriteToHBase extends Configured {

    static Configuration conf = null;
    static Connection connection = null;
    static {
```

```
        conf = HBaseConfiguration.create();
        conf.set("hbase.rootdir", " hdfs://192.168.254.128:9000/hbase ");
        conf.set("hbase.master", "hdfs:// 192.168.254.128:60000");
        conf.set("hbase.zookeeper.property.clientPort", "2181");
        conf.set("hbase.zookeeper.quorum", "master,slave1,slave2");
    }

    public static class WriteHBaseMapper extends Mapper<LongWritable, Text, ImmutableBytes-
    Writable, Put> {

        public void map(LongWritable key,Text value, Context context) throws IOException,
        InterruptedException{
            String[] info = value.toString().split("\t");
            String name = info[0];
            String chinese = info[1];
            String english = info[2];
            String math = info[3];

            ImmutableBytesWritable putTable = new ImmutableBytesWritable("chinese".getBytes());
            Put put = new Put(name.getBytes());
            put.addImmutable("info".getBytes(), "grade".getBytes(), chinese.getBytes());
            context.write(putTable, put);

            putTable = new ImmutableBytesWritable("english".getBytes());
            put = new Put(name.getBytes());
            put.addImmutable("info".getBytes(), "grade".getBytes(), english.getBytes());
            context.write(putTable, put);

            putTable = new ImmutableBytesWritable("math".getBytes());
            put = new Put(name.getBytes());
            put.addImmutable("info".getBytes(), "grade".getBytes(), math.getBytes());
            context.write(putTable, put);
        }

    }

    public static void main(String[] args) throws MasterNotRunningException,
    ZooKeeperConnectionException, IOException, ClassNotFoundException, InterruptedException {
        // TODO Auto-generated method stub

        connection = ConnectionFactory.createConnection(conf);
        Admin admin = connection.getAdmin();
        String tableName = "chinese";
        TableName tn = TableName.valueOf(tableName);
        HTableDescriptor tableDescriptor = new HTableDescriptor(tn);
        HColumnDescriptor columnDescriptor = new HColumnDescriptor("info");
```

```
                tableDescriptor.addFamily(columnDescriptor);
                admin.createTable(tableDescriptor);

                tableName = "english";
                tn = TableName.valueOf(tableName);
                tableDescriptor = new HTableDescriptor(tn);
                tableDescriptor.addFamily(columnDescriptor);
                admin.createTable(tableDescriptor);

                tableName = "math";
                tn = TableName.valueOf(tableName);
                tableDescriptor = new HTableDescriptor(tn);
                tableDescriptor.addFamily(columnDescriptor);
                admin.createTable(tableDescriptor);

                Job job = Job.getInstance(conf, "MultipleTablesWriteToHBase");
                job.setJarByClass(MultipleTablesWriteToHBase.class);
                job.setMapperClass(WriteHBaseMapper.class);
//              TableMapReduceUtil.initTableReducerJob(tableName, WriteHBaseReducer.class,
//              job,null,null,null,null,false);

                job.setMapOutputKeyClass(ImmutableBytesWritable.class);
                job.setMapOutputValueClass(Put.class);
                FileInputFormat.addInputPaths(job, "hdfs://master:9000/data/hbase/data2/1.txt");
                job.setOutputFormatClass(MultiTableOutputFormat.class);
                job.setNumReduceTasks(0);
                job.waitForCompletion(true);
        }
}
```

通过扫描 chinese、english 和 math 表，执行结果如图 8-11 至图 8-13 所示。

```
hbase(main):028:0> scan 'chinese'
ROW                     COLUMN+CELL
 john                   column=info:grade, timestamp=1517564820250, value=76
 lily                   column=info:grade, timestamp=1517564820250, value=87
 linda                  column=info:grade, timestamp=1517564820250, value=66
 lucy                   column=info:grade, timestamp=1517564820250, value=90
 rubby                  column=info:grade, timestamp=1517564820250, value=87
 smith                  column=info:grade, timestamp=1517564820250, value=77
6 row(s) in 0.1230 seconds
```

图 8-11　chinese 表扫描结果

```
hbase(main):030:0> scan 'english'
ROW                     COLUMN+CELL
 john                   column=info:grade, timestamp=1517564820299, value=77
 lily                   column=info:grade, timestamp=1517564820299, value=76
 linda                  column=info:grade, timestamp=1517564820299, value=65
 lucy                   column=info:grade, timestamp=1517564820299, value=76
 rubby                  column=info:grade, timestamp=1517564820299, value=88
 smith                  column=info:grade, timestamp=1517564820299, value=76
6 row(s) in 0.0780 seconds
```

图 8-12　english 表扫描结果

```
hbase(main):031:0> scan 'math'
ROW                          COLUMN+CELL
 john                        column=info:grade, timestamp=1517564822615, value=75
 lily                        column=info:grade, timestamp=1517564822615, value=65
 linda                       column=info:grade, timestamp=1517564822615, value=64
 lucy                        column=info:grade, timestamp=1517564822615, value=77
 rubby                       column=info:grade, timestamp=1517564822615, value=98
 smith                       column=info:grade, timestamp=1517564822615, value=88
6 row(s) in 0.0810 seconds
```

图 8-13　math 表扫描结果

8.2.5　从多个表读取数据

将 8.2.4 节生成的 HBase 表中的数据读取出来，并将其写入到 HDFS 中。由于要读取多张表，因此要将 TableMapReduceUtil.initTableMapperJob 函数中的第一个参数设置为 List<Scan> 类型，并对每个 Scan 设置扫描条件和需要扫描的表。

实现代码如下：

```java
package com.mr;

import java.io.IOException;
import java.util.ArrayList;
import java.util.List;
import java.util.Map;
import org.apache.hadoop.conf.Configuration;
import org.apache.hadoop.fs.Path;
import org.apache.hadoop.hbase.HBaseConfiguration;
import org.apache.hadoop.hbase.client.Connection;
import org.apache.hadoop.hbase.client.ConnectionFactory;
import org.apache.hadoop.hbase.client.Result;
import org.apache.hadoop.hbase.client.Scan;
import org.apache.hadoop.hbase.io.ImmutableBytesWritable;
import org.apache.hadoop.hbase.mapreduce.TableMapReduceUtil;
import org.apache.hadoop.hbase.mapreduce.TableMapper;
import org.apache.hadoop.io.Text;
import org.apache.hadoop.mapreduce.Job;
import org.apache.hadoop.mapreduce.Reducer;
import org.apache.hadoop.mapreduce.lib.output.FileOutputFormat;

public class MultipleTablesReadFromHBase{

    static Configuration conf = null;
    static Connection connection = null;
    static{
        conf = HBaseConfiguration.create();
        conf.set("hbase.rootdir", " hdfs://192.168.254.128:9000/hbase ");
        conf.set("hbase.master", "hdfs:// 192.168.254.128:60000");
        conf.set("hbase.zookeeper.property.clientPort", "2181");
        conf.set("hbase.zookeeper.quorum", "master,slave1,slave2");
```

```
        }

    public static class ReadHBaseMapper extends TableMapper<Text, Text>{
        @Override
        public void map(ImmutableBytesWritable key,Result values,Context context) throws
        IOException, InterruptedException{
            StringBuffer sb = new StringBuffer("");
            for(Map.Entry<byte[], byte[]> value : values.getFamilyMap("info".getBytes()).entrySet()){
                String    str = new String(value.getValue());
                if(str != null){
                    sb.append(str);
                }
                System.out.println(sb.toString());
                context.write(new Text(key.get()), new Text(sb.toString()));
            }
        }
    }

    public static class ReadHBaseReducer extends Reducer<Text, Text, Text, Text>{
        private Text result = new Text();
        public void reduce(Text key,Iterable<Text> values,Context context) throws IOException,
        InterruptedException{
            for(Text val:values){
                result.set(val);
                context.write(key,result);
            }
        }
    }

    public static void main(String[] args) throws IOException, ClassNotFoundException,
    InterruptedException {
        // TODO Auto-generated method stub
        String tableName = "wordcount";
        connection = ConnectionFactory.createConnection(conf);
        Job job = Job.getInstance(conf, "MultipleTablesReadFromHBase");
        job.setJarByClass(MultipleTablesReadFromHBase.class);

        List<Scan> scans = new ArrayList<Scan>();
        Scan scan1 = new Scan();
        scan1.setAttribute(Scan.SCAN_ATTRIBUTES_TABLE_NAME, "chinese".getBytes());
        scans.add(scan1);
        Scan scan2 = new Scan();
        scan2.setAttribute(Scan.SCAN_ATTRIBUTES_TABLE_NAME, "english".getBytes());
        scans.add(scan2);
        Scan scan3 = new Scan();
        scan3.setAttribute(Scan.SCAN_ATTRIBUTES_TABLE_NAME, "math".getBytes());
```

```
            scans.add(scan3);

            TableMapReduceUtil.initTableMapperJob(scans, ReadHBaseMapper.class, Text.class,
            Text.class, job);
            job.setReducerClass(ReadHBaseReducer.class);
            FileOutputFormat.setOutputPath(job, new Path("hdfs://master:9000/data/hbase/output2"));
            job.waitForCompletion(true);
        }
    }
```

执行结果如图 8-14 所示。

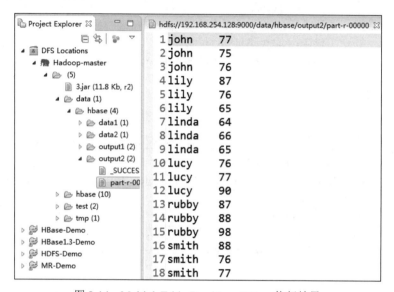

图 8-14   MultipleTablesReadFromHBase 执行结果

8.2.6   通过读取 HBase 表删除 HBase 数据

通过 MapReduce 删除指定条件的数据，在 Mapper 的 map 函数中构造 Delete 对象，完成符合条件的删除。为了提高删除效率，我们可以构造一个 Delete 集合，在 map 执行最后完成批量删除。

实现代码如下：

```
package com.mr;

import java.io.IOException;
import java.util.ArrayList;
import java.util.List;
import org.apache.hadoop.conf.Configuration;
import org.apache.hadoop.hbase.HBaseConfiguration;
import org.apache.hadoop.hbase.KeyValue;
import org.apache.hadoop.hbase.client.Connection;
import org.apache.hadoop.hbase.client.Delete;
import org.apache.hadoop.hbase.client.HTable;
```

```
import org.apache.hadoop.hbase.client.Result;
import org.apache.hadoop.hbase.client.Scan;
import org.apache.hadoop.hbase.io.ImmutableBytesWritable;
import org.apache.hadoop.hbase.mapreduce.TableMapReduceUtil;
import org.apache.hadoop.hbase.mapreduce.TableMapper;
import org.apache.hadoop.hbase.util.Bytes;
import org.apache.hadoop.io.LongWritable;
import org.apache.hadoop.io.Text;
import org.apache.hadoop.mapreduce.Job;
import org.apache.hadoop.mapreduce.lib.output.NullOutputFormat;

public class DropTableDemo{

        static List<String> rowkeyList = new ArrayList<String>();
        static List<String> qualifierList = new ArrayList<String>();
        static Configuration conf = null;
        static Connection connection = null;
        static{
            conf = HBaseConfiguration.create();
            conf.set("hbase.rootdir", " hdfs://192.168.254.128:9000/hbase ");
            conf.set("hbase.master", "hdfs:// 192.168.254.128:60000");
            conf.set("hbase.zookeeper.property.clientPort", "2181");
            conf.set("hbase.zookeeper.quorum", "master,slave1,slave2");
        }

    static class MyMapper extends TableMapper<Text, LongWritable> {
        public void map(ImmutableBytesWritable row, Result r, Context context)
                throws InterruptedException, IOException {
                String tableName = context.getConfiguration().get("tableName");
                HTable htbl = new HTable(conf, tableName);
                List<Delete> lists = new ArrayList<Delete>();
                for (KeyValue kv : r.raw()) {
                    Delete dlt = new Delete(kv.getRow());
                    dlt.deleteColumn(kv.getFamily(), kv.getQualifier(), kv.getTimestamp());
                    lists.add(dlt);
                    System.out.println("delete-- gv:"+Bytes.toString(kv.getRow())+",family:"
                    +Bytes.toString(kv.getFamily())+",qualifier:"+Bytes.toString(kv.getQualifier())
                    +",timestamp:"+kv.getTimestamp());
                }
            htbl.delete(lists);
            htbl.flushCommits();
            htbl.close();
        }
    }

    public static void main(String[] args) throws Exception {
```

```
        String tableName = "stu7";
        String timeStamp = "1517627532458";
        conf.set("tableName", tableName);
        Job job = Job.getInstance(conf, "DropTableDemo");
        job.setJarByClass(DropTableDemo.class);        //包含 mapper 的类

        Scan scan = new Scan();
        scan.setCaching(500);           //1 是 Scan 中的默认值，这将对 MapReduce 作业不利
        scan.setCacheBlocks(false);  //不要将 MR 作业设置成 true
         scan.setTimeStamp(new Long(timeStamp));

        TableMapReduceUtil.initTableMapperJob(
          tableName,            //输入 HBase 表名
          scan,                 //Scan 实例控制 CF 和属性选择
          MyMapper.class,      // mapper
          null,                // mapper 输出 key
          null,                // mapper 输出 value
          job);
        job.setOutputFormatClass(NullOutputFormat.class);   //因为我们不从 mapper 中发送任何东西
        job.waitForCompletion(true);
    }
}
```

删除前数据如图 8-15 所示。

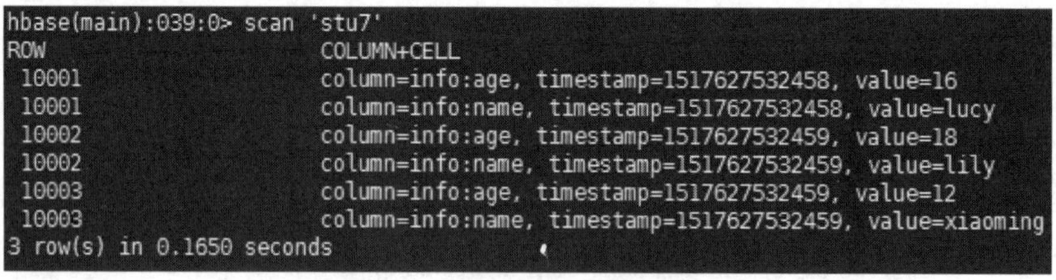

```
hbase(main):039:0> scan 'stu7'
ROW                        COLUMN+CELL
 10001                     column=info:age, timestamp=1517627532458, value=16
 10001                     column=info:name, timestamp=1517627532458, value=lucy
 10002                     column=info:age, timestamp=1517627532459, value=18
 10002                     column=info:name, timestamp=1517627532459, value=lily
 10003                     column=info:age, timestamp=1517627532459, value=12
 10003                     column=info:name, timestamp=1517627532459, value=xiaoming
3 row(s) in 0.1650 seconds
```

图 8-15　stu7 表删除前数据

删除后数据如图 8-16 所示。

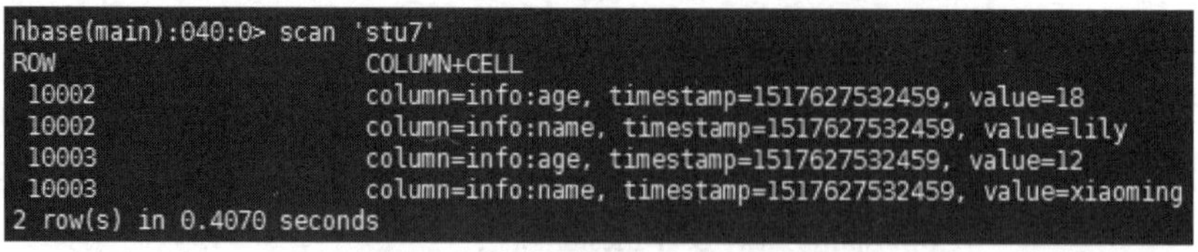

```
hbase(main):040:0> scan 'stu7'
ROW                        COLUMN+CELL
 10002                     column=info:age, timestamp=1517627532459, value=18
 10002                     column=info:name, timestamp=1517627532459, value=lily
 10003                     column=info:age, timestamp=1517627532459, value=12
 10003                     column=info:name, timestamp=1517627532459, value=xiaoming
2 row(s) in 0.4070 seconds
```

图 8-16　stu7 表删除后数据

如果将 scan.setTimeStamp(new Long(timeStamp))去掉，表示删除所有数据，执行结果如图 8-17 所示。

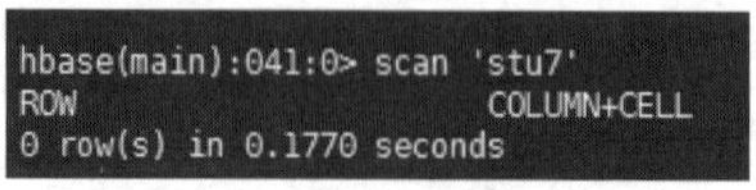

```
hbase(main):041:0> scan 'stu7'
ROW                        COLUMN+CELL
0 row(s) in 0.1770 seconds
```

图 8-17　stu7 表删除所有数据

8.2.7   通过读取 HBase 表数据复制到另外一张表

完成 HBase 表内容的复制，即在 Mapper 阶段每读取一行数据，就将结果装载到 Put 对象当中，并通过 write 函数将其写入到 HBase 表中。写入表的一种方式是用 TableMapReduceUtil.initTableReducerJob 方法，这里既可以在 Map 阶段输出，也可以在 Reduce 阶段输出，区别是 Reduce 的 class 设置为 null 还是实际的 Reduce。

在 HBase 中创建 stu8 表：

```
hbase(main):004:0> create 'stu8', 'info'
0 row(s) in 4.9200 seconds
=> Hbase::Table - stu8
```

实现代码如下：

```
package com.mr;

import java.io.IOException;
import java.util.List;
import org.apache.hadoop.conf.Configuration;
import org.apache.hadoop.hbase.HBaseConfiguration;
import org.apache.hadoop.hbase.KeyValue;
import org.apache.hadoop.hbase.client.Put;
import org.apache.hadoop.hbase.client.Result;
import org.apache.hadoop.hbase.client.Scan;
import org.apache.hadoop.hbase.io.ImmutableBytesWritable;
import org.apache.hadoop.hbase.mapreduce.TableMapReduceUtil;
import org.apache.hadoop.hbase.mapreduce.TableMapper;
import org.apache.hadoop.mapreduce.Job;

public class TableCopy{
    static Configuration conf = null;
    static{
        conf = HBaseConfiguration.create();
        conf.set("hbase.rootdir", " hdfs://192.168.254.128:9000/hbase ");
        conf.set("hbase.master", "hdfs:// 192.168.254.128:60000");
        conf.set("hbase.zookeeper.property.clientPort", "2181");
        conf.set("hbase.zookeeper.quorum", "master,slave1,slave2");
    }

    static class CopyMapper extends TableMapper<ImmutableBytesWritable,Put>{

        @Override
        protected void map(ImmutableBytesWritable key, Result value,
                Context context) throws IOException, InterruptedException {
            // TODO Auto-generated method stub
            //将查询结果保存到 list
            List<KeyValue> kvs =   value.list();
            Put p = new Put(key.get());
```

```
                    //将结果装载到 Put
                    for(KeyValue kv : kvs)
                        p.add(kv);
                    //将结果写入到 Reduce
                    context.write(key, p);
                }

            }

        public static void main(String[] args)throws Exception{
            String srcTable = "stu6";
            String dstTable = "stu8";
            Scan sc = new Scan();
            sc.setCaching(10000);
            sc.setCacheBlocks(false);
            Job job = Job.getInstance(conf, "TableCopy");
            job.setJarByClass(TableCopy.class);
            job.setNumReduceTasks(0);
            TableMapReduceUtil.initTableMapperJob(srcTable, sc, CopyMapper.class, ImmutableBytes-
            Writable.class, Result.class, job);
            TableMapReduceUtil.initTableReducerJob(dstTable, null, job);
            job.waitForCompletion(true);
        }
    }
```

扫描 stu6 和 stu8 表的结果如图 8-18 和图 8-19 所示。

```
hbase(main):002:0> scan 'stu6'
ROW                    COLUMN+CELL
 rw001                 column=info:age, timestamp=1517276499875, value=16
 rw001                 column=info:name, timestamp=1517276494335, value=Lucy
 rw002                 column=info:age, timestamp=1517276500085, value=18
 rw002                 column=info:name, timestamp=1517276499995, value=Linda
 rw003                 column=info:age, timestamp=1517276501805, value=19
 rw003                 column=info:name, timestamp=1517276500200, value=John
3 row(s) in 0.3920 seconds
```

图 8-18　stu6 表扫描结果

```
hbase(main):005:0> scan 'stu8'
ROW                    COLUMN+CELL
 rw001                 column=info:age, timestamp=1517276499875, value=16
 rw001                 column=info:name, timestamp=1517276494335, value=Lucy
 rw002                 column=info:age, timestamp=1517276500085, value=18
 rw002                 column=info:name, timestamp=1517276499995, value=Linda
 rw003                 column=info:age, timestamp=1517276501805, value=19
 rw003                 column=info:name, timestamp=1517276500200, value=John
3 row(s) in 0.1000 seconds
```

图 8-19　stu8 表扫描结果

8.2.8　建立 HBase 表索引

HBase 索引主要用于提高 HBase 中表数据的访问速度，有效地避免了全表扫描，HBase
中的表根据行键被分成了多个 Region，通常一个 Region 的一行会包含较多的数据，如果以列值作为查询条件，就只能从第一行数据开始往下找，直到找到相关数据为止，这种效率很低。相反，如果将经常被查询的列作为行键、行键作为列重新构造一张表，即可实现根据列值快速定位相关数据所在的行，这就是索引。显然索引表仅需要包含一个列，所以索引表的大小和原表比起来要小得多。如图 8-20 给出了索引表与原表之间的关系。从图可以看出，由于索引表的单条记录所占的空间比原表要小，因此索引表的一个 Region 与原表相比能包含更多条记录。

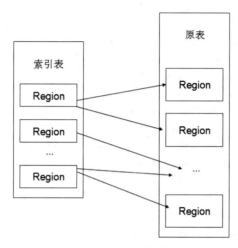

图 8-20　索引表与原表的关系

假设 HBase 中存在一张表 stu6，里面的内容如表 8-2 所示，则根据列 info:name 构建的索引表如图 8-21 所示。

表 8-2　stu6 表物理视图

行键	列族 info	
	age	name
rw001	Lucy	16
rw002	Linda	18
rw003	John	19

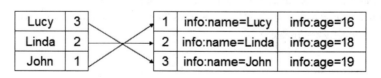

图 8-21　stu6 表索引示意图

实现代码如下：

```
package com.mr;

import java.io.IOException;
import java.util.List;
import org.apache.hadoop.conf.Configuration;
```

```java
import org.apache.hadoop.hbase.Cell;
import org.apache.hadoop.hbase.CellUtil;
import org.apache.hadoop.hbase.HBaseConfiguration;
import org.apache.hadoop.hbase.HColumnDescriptor;
import org.apache.hadoop.hbase.HTableDescriptor;
import org.apache.hadoop.hbase.TableName;
import org.apache.hadoop.hbase.client.Admin;
import org.apache.hadoop.hbase.client.Connection;
import org.apache.hadoop.hbase.client.ConnectionFactory;
import org.apache.hadoop.hbase.client.Mutation;
import org.apache.hadoop.hbase.client.Put;
import org.apache.hadoop.hbase.client.Result;
import org.apache.hadoop.hbase.client.Scan;
import org.apache.hadoop.hbase.io.ImmutableBytesWritable;
import org.apache.hadoop.hbase.mapreduce.TableMapReduceUtil;
import org.apache.hadoop.hbase.mapreduce.TableMapper;
import org.apache.hadoop.hbase.mapreduce.TableReducer;
import org.apache.hadoop.hbase.util.Bytes;
import org.apache.hadoop.mapreduce.Job;
import org.apache.hadoop.mapreduce.Mapper;
import org.apache.hadoop.mapreduce.Reducer;

public class CreateHbaseIndex {

    static Configuration conf = null;
    static{
        conf = HBaseConfiguration.create();
        conf.set("hbase.rootdir", " hdfs://192.168.254.128:9000/hbase ");
        conf.set("hbase.master", "hdfs:// 192.168.254.128:60000");
        conf.set("hbase.zookeeper.property.clientPort", "2181");
        conf.set("hbase.zookeeper.quorum", "master,slave1,slave2");
    }

    //map 阶段，根据 HBase 中的数据取出行键和姓名
    public static class HbaseIndexMapper extends TableMapper<ImmutableBytesWritable,
    ImmutableBytesWritable>{

        @Override
        protected void map(ImmutableBytesWritable key, Result value,
            Mapper<ImmutableBytesWritable, Result, ImmutableBytesWritable,
            ImmutableBytesWritable>.Context context)
            throws IOException, InterruptedException {

                List<Cell> cs = value.listCells();

                for (Cell cell : cs) {
```

```
        String qualifier = Bytes.toString(CellUtil.cloneQualifier(cell));
        System.out.println("qualifier="+qualifier);
        if(qualifier.equals("name")){
            //把名字作为键，行键作为值输出
            context.write(new ImmutableBytesWritable(CellUtil.cloneValue(cell)), new
            ImmutableBytesWritable(CellUtil.cloneRow(cell)));
        }
    }
}

}
//reduce 阶段，将姓名作为键，行键作为值存入 HBase
public static class HbaseIndexReduce extends TableReducer<ImmutableBytesWritable,
ImmutableBytesWritable, ImmutableBytesWritable>{

    @Override
    protected void reduce(ImmutableBytesWritable key, Iterable<ImmutableBytesWritable> value,
            Reducer<ImmutableBytesWritable, ImmutableBytesWritable,
            ImmutableBytesWritable, Mutation>.Context context)
                    throws IOException, InterruptedException {
        //把名字作为行键
        Put put=new Put(key.get());
        //把行键作为值
        for (ImmutableBytesWritable v : value) {
            put.addColumn("rowkey".getBytes(),"index".getBytes(),v.get() );
        }
        context.write(key, put);
    }

}
private static void checkTable(Configuration conf) throws Exception {
    Connection con = ConnectionFactory.createConnection(conf);
    Admin admin = con.getAdmin();
    TableName tn = TableName.valueOf("stu6Index");
    if (!admin.tableExists(tn)){
        HTableDescriptor htd = new HTableDescriptor(tn);
        HColumnDescriptor hcd = new HColumnDescriptor("rowkey".getBytes());
        htd.addFamily(hcd);
        admin.createTable(htd);
        System.out.println("表不存在，新创建表成功...");
    }
}

public static void main(String[] args) {
    try {
        Job job = Job.getInstance(conf, "CreateHbaseIndex");
```

```
        job.setJarByClass(CreateHbaseIndex.class);
        Scan scan = new Scan();
        scan.addColumn(Bytes.toBytes("info"), Bytes.toBytes("name"));

        TableMapReduceUtil.initTableMapperJob("stu6", scan, HbaseIndexMapper.class,
                ImmutableBytesWritable.class, ImmutableBytesWritable.class,job);
        TableMapReduceUtil.initTableReducerJob("stu6Index", HbaseIndexReduce.class, job);

        checkTable(conf);
        job.waitForCompletion(true);
    } catch (ClassNotFoundException e) {
        // TODO Auto-generated catch block
        e.printStackTrace();
    } catch (IOException e) {
        // TODO Auto-generated catch block
        e.printStackTrace();
    } catch (InterruptedException e) {
        // TODO Auto-generated catch block
        e.printStackTrace();
    } catch (Exception e) {
        // TODO Auto-generated catch block
        e.printStackTrace();
    }
  }
}
```

执行结果如图 8-22 所示。

```
hbase(main):006:0> scan 'stu6Index'
ROW                     COLUMN+CELL
 John                   column=rowkey:index, timestamp=1517713345535, value=rw003
 Linda                  column=rowkey:index, timestamp=1517713345535, value=rw002
 Lucy                   column=rowkey:index, timestamp=1517713345535, value=rw001
3 row(s) in 2.8980 seconds
```

图 8-22   CreateHbaseIndex 执行结果

8.2.9   将 MapReduce 输出结果到 MySQL

为了方便 MapReduce 直接访问关系型数据库（MySQL、Oracle 等），Hadoop 提供了 DBInputFormat 和 DBOutputFormat 两个类。通过 DBInputFormat 类把数据库表数据读入到 HDFS，然后根据 DBOutputFormat 类把 MapReduce 产生的结果集导入到数据库表中。

要将数据从 HBase 中导入 MySQL，需要实现五个类，分别是负责读取 HBase 数据的 Mapper 类、负责写入 MySQL 的 Reducer 类、Combine 类、数据库信息读写的接口类，以及最后让程序运行起来的主类。

下面来看一下连接 MySQL 需要的操作（MySQL 的安装可以参考附录）。

```
mysql> create database hbase;
Query OK, 1 row affected (0.05 sec)
mysql> use hbase;
```

Database changed

mysql> create table stuInfo(name varchar(20), sex varchar(10), age int);

Query OK, 0 rows affected (1.00 sec)

mysql> CREATE USER hbase@localhost IDENTIFIED BY 'HBase123@';

Query OK, 0 rows affected (0.10 sec)

mysql> grant all on   hbase.* to hbase@'%' identified by 'HBase123@';

Query OK, 0 rows affected, 1 warning (0.04 sec)

mysql> grant all on   hbase.* to hbase@'localhost' identified by 'HBase123@';

Query OK, 0 rows affected, 1 warning (0.00 sec)

mysql> flush privileges;

Query OK, 0 rows affected (0.04 sec)

实现代码如下：

```java
package com.mr;

import java.io.DataInput;
import java.io.DataOutput;
import java.io.IOException;
import java.sql.PreparedStatement;
import java.sql.ResultSet;
import java.sql.SQLException;
import org.apache.hadoop.conf.Configuration;
import org.apache.hadoop.fs.Path;
import org.apache.hadoop.hbase.HBaseConfiguration;
import org.apache.hadoop.hbase.client.Connection;
import org.apache.hadoop.io.LongWritable;
import org.apache.hadoop.io.Text;
import org.apache.hadoop.io.Writable;
import org.apache.hadoop.mapreduce.Job;
import org.apache.hadoop.mapreduce.Mapper;
import org.apache.hadoop.mapreduce.Reducer;
import org.apache.hadoop.mapreduce.lib.db.DBConfiguration;
import org.apache.hadoop.mapreduce.lib.db.DBOutputFormat;
import org.apache.hadoop.mapreduce.lib.db.DBWritable;
import org.apache.hadoop.mapreduce.lib.input.FileInputFormat;
import org.apache.hadoop.mapreduce.lib.input.TextInputFormat;

public class WriteToMysql {
    static Configuration conf = null;
    static Connection connection = null;
    static{
        conf = HBaseConfiguration.create();
        conf.set("hbase.rootdir", " hdfs://192.168.254.128:9000/hbase ");
        conf.set("hbase.master", "hdfs:// 192.168.254.128:60000");
        conf.set("hbase.zookeeper.property.clientPort", "2181");
        conf.set("hbase.zookeeper.quorum", "master,slave1,slave2");
        conf.set("mapred.textoutputformat.separator", ",");
```

```
        conf.set("mapred.compress.map.output", "true");
    }

//需要实现 Writable 和 DBWritable 接口才能完成向 MySQL 数据库的写入操作
public static class StudentBean implements Writable, DBWritable {
    private String name;
    private String sex;
    private Integer age;
    @Override
    //向数据库执行写入操作，传入参数是 PreparedStatement 类型
    public void write(PreparedStatement statement) throws SQLException {
        int index = 1;
            statement.setString(index++, this.getName());
            statement.setString(index++, this.getSex());
            statement.setInt(index++, this.getAge());
    }

    @Override
    //从数据库读取数据，参数是结果集 ResultSet
    public void readFields(ResultSet resultSet) throws SQLException {
            // DBOutputFormat.setOutput 中设置字段顺序保持一致
            this.name = resultSet.getString(1);
            this.sex = resultSet.getString(2);
            this.age = resultSet.getInt(3);
    }

    @Override
    public void write(DataOutput out) throws IOException {
        // TODO Auto-generated method stub

    }

    @Override
    public void readFields(DataInput in) throws IOException {

    }

    public String getName() {
        return name;
    }
    public void setName(String name) {
        this.name = name;
    }
    public String getSex() {
        return sex;
    }
```

```java
        public void setSex(String sex) {
            this.sex = sex;
        }
        public Integer getAge() {
            return age;
        }
        public void setAge(Integer age) {
            this.age = age;
        }
    }

    public static class WriteToMysqlMapper extends   Mapper<LongWritable, Text, Text, Text>{
        @Override
        protected void map(LongWritable key, Text value,
                Context context)
                throws IOException, InterruptedException {
            //lucy,female,16
            String line = value.toString();
            String fileds[] = line.split("\t");
            String keyString = "";
            String valueString = "";
            try{
                keyString = fileds[0];
                valueString = fileds[1]+","+fileds[2];
            }catch(Exception e){
                e.printStackTrace();
                return;
            }
            context.write(new Text(keyString), new Text(valueString));
        }
    }

    public static class WriteToMysqlReducer extends Reducer<Text, Text, StudentBean, Text>{
        @Override
        public void reduce(Text key, Iterable<Text> values, Context context) throws IOException,
        InterruptedException {
            StudentBean bean = new StudentBean();
            String comString = "";
            for (Text val : values) {
                comString = val.toString();
            }
            //lucy,female,16
//          String keyFields[] = key.toString().split(",");
            String valueFields[] = comString.split(",");
            bean.setName(key.toString());
```

```
            bean.setSex(valueFields[0]);
            bean.setAge(Integer.parseInt(valueFields[1]));

            context.write(bean,null);
        }
    }

    public static void main(String[] args) throws Exception {
        DBConfiguration.configureDB(conf, "com.mysql.jdbc.Driver","jdbc:mysql://192.168.254.131:
        3306/hbase","hbase","HBase123@");
        String input="hdfs://master:9000/data/hbase/data4/1.txt";
        Job job = Job.getInstance(conf, "WriteToMysql");
        job.setJarByClass(WriteToMysql.class);
        job.setMapperClass(WriteToMysqlMapper.class);
        job.setReducerClass(WriteToMysqlReducer.class);
        job.setOutputKeyClass(Text.class);
        job.setOutputValueClass(Text.class);
        job.setInputFormatClass(TextInputFormat.class);
                    job.setOutputFormatClass(DBOutputFormat.class);
        FileInputFormat.addInputPath(job, new Path(input));

        DBOutputFormat.setOutput(job, "stuInfo",
            "name","sex","age");        //后面的这些就是数据库表的字段名
        job.waitForCompletion(true);
    }

}
```

执行结果输出信息如图 8-23 所示。

```
.8/02/13 10:35:20 INFO mapred.Task: Task:attempt_local363472889_0001_r_000000_0 is done. And is in t
.8/02/13 10:35:20 INFO mapred.LocalJobRunner: reduce > reduce
.8/02/13 10:35:20 INFO mapred.Task: Task 'attempt_local363472889_0001_r_000000_0' done.
.8/02/13 10:35:20 INFO mapred.LocalJobRunner: Finishing task: attempt_local363472889_0001_r_000000_0
.8/02/13 10:35:20 INFO mapred.LocalJobRunner: reduce task executor complete.
.8/02/13 10:35:20 WARN output.FileOutputCommitter: Output Path is null in commitJob()
.8/02/13 10:35:21 INFO mapreduce.Job:  map 100% reduce 100%
.8/02/13 10:35:21 INFO mapreduce.Job: Job job_local363472889_0001 completed successfully
.8/02/13 10:35:21 INFO mapreduce.Job: Counters: 38
        File System Counters
                FILE: Number of bytes read=534
                FILE: Number of bytes written=628727
                FILE: Number of read operations=0
                FILE: Number of large read operations=0
                FILE: Number of write operations=0
                HDFS: Number of bytes read=168
                HDFS: Number of bytes written=0
                HDFS: Number of read operations=6
                HDFS: Number of large read operations=0
                HDFS: Number of write operations=0
        Map-Reduce Framework
```

图 8-23　WriteToMysql 结果信息

在 slave2 节点执行查询，结果如图 8-24 所示。

```
mysql> select * from stuInfo;
+-------+--------+------+
| name  | sex    | age  |
+-------+--------+------+
| john  | male   |   18 |
| linda | female |   17 |
| lucy  | female |   16 |
| ming  | male   |   11 |
| niki  | male   |   13 |
| smith | male   |   20 |
+-------+--------+------+
6 rows in set (0.00 sec)
```

图 8-24　stuInfo 表查询结果

8.2.10　利用 MapReduce 完成 MySQL 数据读写

MapReduce 默认提供了 DBInputFormat 和 DBOutputFormat，分别用于数据库的读取和数据库的写入。通过 DBInputFormat.setInput 设置从哪个表哪些字段读取数据。在从 MySQL 读取数据的时候，以主键 ID 作为 Mapper 阶段的 key，整条记录加分隔符作为 value 进行输出；在 Reduce 阶段则类似于 8.2.9 节中的读。

在 slave2 节点执行如下 SQL 命令：

```
create table stu2(id int ,name varchar(20), sex varchar(10), age int);
create table stu(id int ,name varchar(20), sex varchar(10), age int);
insert into   stu values(1,"lucy", "female", 16);
insert into   stu values(2,"john", "male", 18);
insert into   stu values(3,"llinda", "female", 17);
insert into   stu values(4,"smith", "male", 20);
insert into   stu values(5,"ming", "male", 11);
insert into   stu values(6,"niki", "male", 13);
```

实现代码如下：

```
package com.mr;

import java.io.DataInput;
import java.io.DataOutput;
import java.io.IOException;
import java.sql.PreparedStatement;
import java.sql.ResultSet;
import java.sql.SQLException;
import org.apache.hadoop.conf.Configuration;
import org.apache.hadoop.hbase.HBaseConfiguration;
import org.apache.hadoop.hbase.client.Connection;
import org.apache.hadoop.io.LongWritable;
import org.apache.hadoop.io.Text;
import org.apache.hadoop.io.Writable;
import org.apache.hadoop.mapreduce.Job;
import org.apache.hadoop.mapreduce.Mapper;
import org.apache.hadoop.mapreduce.Reducer;
import org.apache.hadoop.mapreduce.lib.db.DBConfiguration;
import org.apache.hadoop.mapreduce.lib.db.DBInputFormat;
```

```
import org.apache.hadoop.mapreduce.lib.db.DBOutputFormat;
import org.apache.hadoop.mapreduce.lib.db.DBWritable;

public class MysqlToMR {
    static Configuration conf = null;
    static Connection connection = null;
    static{
        conf = HBaseConfiguration.create();
        conf.set("hbase.rootdir", " hdfs://192.168.254.128:9000/hbase ");
        conf.set("hbase.master", "hdfs:// 192.168.254.128:60000");
        conf.set("hbase.zookeeper.property.clientPort", "2181");
        conf.set("hbase.zookeeper.quorum", "master,slave1,slave2");
        conf.set("mapred.textoutputformat.separator", ",");
        conf.set("mapred.compress.map.output", "true");
    }

        public static class StudentinfoRecord implements Writable, DBWritable {
            int id;
            String name;
            String sex;
            int age;

            public StudentinfoRecord() {

            }

            public String toString() {
                return new String(this.id + " " + this.name + " " + this.sex + " " + this.age);
            }

            @Override
            public void readFields(ResultSet result) throws SQLException {
                this.id = result.getInt(1);
                this.name = result.getString(2);
                this.sex = result.getString(3);
                this.age = result.getInt(4);
            }

            @Override
            public void write(PreparedStatement stmt) throws SQLException {
                stmt.setInt(1, this.id);
                stmt.setString(2, this.name);
                stmt.setString(3, this.sex);
                stmt.setInt(4, this.age);
            }
```

```
    @Override
    public void readFields(DataInput in) throws IOException {
        this.id = in.readInt();
        this.name = Text.readString(in);
        this.sex = Text.readString(in);
        this.age = in.readInt();
    }


    @Override
    public void write(DataOutput out) throws IOException {
        out.writeInt(this.id);
        Text.writeString(out, this.name);
        Text.writeString(out, this.sex);
        out.writeInt(this.age);
    }
}
```

//记住此处是静态内部类，否则你自己实现无参构造器，或者等着抛出异常

```
public static class DBInputMapper extends
        Mapper<LongWritable, StudentinfoRecord, LongWritable, Text> {
        @Override
        public void map(LongWritable key, StudentinfoRecord value,
            Context context) throws IOException, InterruptedException {
            context.write(new LongWritable(value.id), new Text(value.toString()));
    }
}

public static class MyReducer extends Reducer<LongWritable, Text, StudentinfoRecord, Text> {
    @Override
    public void reduce(LongWritable key, Iterable<Text> values, Context context) throws
    IOException, InterruptedException {
        String[] splits = values.iterator().next().toString().split(" ");
        StudentinfoRecord r = new StudentinfoRecord();
        r.id = Integer.parseInt(splits[0]);
        r.name = splits[1];
        r.sex = splits[2];
        r.age = Integer.parseInt(splits[3]);
        context.write(r, new Text(r.name));

    }
}

public static void main(String[] args) throws IOException, InterruptedException,
ClassNotFoundException {

    DBConfiguration.configureDB(conf, "com.mysql.jdbc.Driver","jdbc:mysql://192.168.254.131:
```

```
3306/hbase","hbase","HBase123@");

Job job = Job.getInstance(conf, "MysqlToMR");
job.setJarByClass(MysqlToMR.class);
job.setMapOutputKeyClass(LongWritable.class);
job.setMapOutputValueClass(Text.class);
job.setMapperClass(DBInputMapper.class);
job.setReducerClass(MyReducer.class);
job.setOutputKeyClass(LongWritable.class);
job.setOutputValueClass(Text.class);
job.setOutputFormatClass(DBOutputFormat.class);
job.setInputFormatClass(DBInputFormat.class);

String[] fields = {"id", "name", "sex", "age"};
 //从 stu 表读数据
DBInputFormat.setInput(job, StudentinfoRecord.class, "stu", null, null, fields);
// MapReduce 将数据输出到 stu2 表
DBOutputFormat.setOutput(job, "stu2", fields);

job.waitForCompletion(true);
    }
  }
```

执行结果如图 8-25 所示。

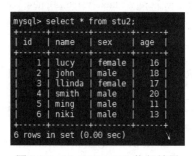

图 8-25　MySQLToMR 执行结果

8.3　本章小结

　　MapReduce On HBase 可以实现 HBase 数据的批量导入导出。本章讲解了如何将 HBase 集成到 MapReduce 进行开发，其本质上仍是 MapReduce 编程，只不过数据源变成了 HBase 数据库，采用了特有的 Mapper 和 Reducer 类。通过编程实例的讲解，能够完成从 HBase 读入数据、数据写入 HBase、HBase 表之间的数据复制、为 HBase 建立索引等。

附录　MySQL 安装

MySQL 可以安装在任意一个集群节点中，在本书中被安装在 slave2 节点，也就是 IP 为 192.168.254.131 的节点。

1. MySQL 安装

MySQL 可以通过以下两种方式进行安装：

（1）通过网络安装。

1）下载 mysql57-community-release-el7-8.noarch.rpm 的 yum 源：

　　wget http://repo.mysql.com/mysql57-community-release-el7-8.noarch.rpm

2）安装 mysql57-community-release-el7-8.noarch.rpm：

　　rpm -ivh mysql57-community-release-el7-8.noarch.rpm

3）安装 MySQL：

　　yum install mysql-server

（2）通过 rpm 包安装。

在 https://dev.mysql.com/downloads/file/?id=471503 上下载 mysql-5.7.19-1.el7.x86_64.rpm-bundle.tar，并将其通过 Xftp 上传到/soft 目录中，执行如下命令：

　　tar –xvf mysql-5.7.19-1.el7.x86_64.rpm-bundle.tar

　　rpm -ivh mysql-community-common-5.7.19-1.el7.x86_64.rpm

　　rpm -ivh mysql-community-libs-5.7.19-1.el7.x86_64.rpm

　　rpm -ivh mysql-community-devel-5.7.19-1.el7.x86_64.rpm

　　rpm -ivh mysql-community-client-5.7.19-1.el7.x86_64.rpm

　　rpm -ivh mysql-community-server-5.7.19-1.el7.x86_64.rpm

2. 启动 MySQL 并创建用户

　　servcie mysqld start

（1）查找 MySQL 登录密码。

在 CentOS7 中，MySQL 安装完毕后，会在/var/log/mysqld.log 文件中自动生成一个随机密码，需要先取得这个随机密码，以用于登录 MySQL 服务端：

　　grep "password" /var/log/mysqld.log

得到的密码如附图 1 所示。

```
[root@slave2 log]# grep password /var/log/mysqld.log
2017-08-25T03:54:35.859033Z 1 [Note] A temporary password is generated for root@localhost: twRo=&qhx74Q
2017-08-25T03:54:51.814748Z 3 [Note] Access denied for user 'root'@'localhost' (using password: YES)
2017-08-25T03:54:53.917971Z 4 [Note] Access denied for user 'root'@'localhost' (using password: NO)
```

附图 1　查找 root 登录密码

（2）登录 MySQL。

由于密码有 "=" 字符，在输入密码的时候需要加双引号（单引号也可以），如附图 2 所示。

```
[root@slave2 log]# mysql -u root -ptwRo=&qhx74Q
[3] 3057
mysql: [Warning] Using a password on the command line interface can be insecure.
-bash: qhx74Q: 未找到命令
[root@slave2 log]# ERROR 1045 (28000): Access denied for user 'root'@'localhost' (using password: YE

[3]    退出 1              mysql -u root -ptwRo=
[root@slave2 log]# mysql -u root -p"twRo=&qhx74Q"
```

附图 2　MySQL 登录

（3）设置 root 用户的新密码。

由于 MySQL 5.7 采用了密码强度验证插件，因此需要设置一个有一定强度的密码。

    set password = password('Aa123456@')

（4）创建 hbase 用户和数据库。

    CREATE USER hbase@localhost IDENTIFIED BY 'HBase123@';

    create database hbase;

（5）设置权限。

    grant all on　hbase.* to hbase@'%' identified by 'hbase123@';

    grant all on　hbase.* to hbase@'localhost' identified by 'hbase123@';

    flush privileges;

（6）验证。

设置完权限后，必须将服务重启或系统重启，否则会报错。

    servcie mysqld restart

    mysql -u hbase -p 'HBase123@'

    show databases;

通过 hbase 用户登录后会显示其所拥有的数据库，如附图 3 所示。

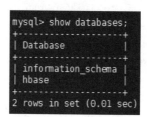

附图 3　hbase 用户数据库